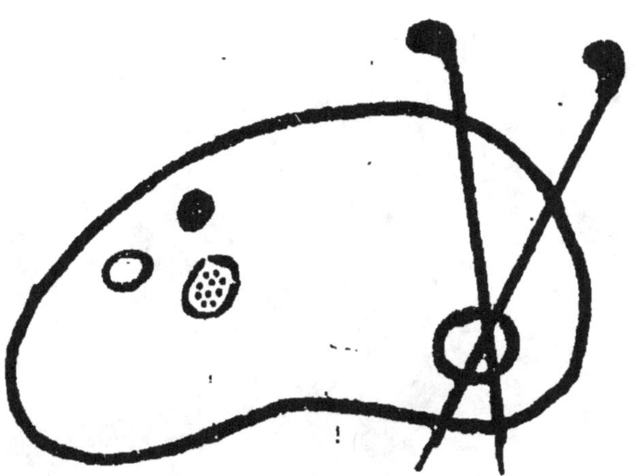

Couvertures supérieure et inférieure
en couleur

I

HISTOIRE DU CIEL

PAR

CLÉMENCE ROYER

Avec 37 figures dans le texte et une planche

PARIS

LIBRAIRIE C. REINWALD

SCHLEICHER FRÈRES, ÉDITEURS

15, RUE DES SAINTS-PÈRES, 15

1901

PETITE
ENCYCLOPÉDIE SCIENTIFIQUE
DU
XX° SIÈCLE

I

OUVRAGES DU MÊME AUTEUR

La théorie de l'impôt ou la dîme sociale, 2 vol. in-8°. Paris, Guillaumin et C°, 1861.

L'origine des espèces de Ch. Darwin, traduit en français avec préface et notes du traducteur. 1re édition, 1 vol. in-18. Paris, Guillaumin, 1862 (épuisée). 2e et 3e éditions, 1 vol. in-8°. Paris 1865 et 1871, Guillaumin et Masson, Paris (épuisées). 7e édition, Paris, Flammarion, éditeur, 1900.

L'origine de l'Homme et des Sociétés. — 1 vol. in-8°. 1870, Paris, Masson (épuisé).

Le Bien et la Loi morale. — 1 vol. in-18, 1882, Paris, Guillaumin.

La Constitution du monde. — Dynamique des atomes. — Nouveaux principes de philosophie naturelle. — 1 vol. in-8° de XXII, 800 pages avec 92 figures dans le texte et 1 planche. Paris, librairie C. Reinwald ; Schleicher frères, éditeurs, 1900.

PRÉFACE

Il est pour la pensée une heure… une heure sainte,
Alors que, s'enfuyant de la céleste enceinte,
De l'absence du jour pour consoler les cieux,
Le crépuscule aux monts prolonge ses adieux.
On voit à l'horizon sa lueur incertaine,
Comme les bords flottants d'une robe qui traîne,
Balayer lentement le firmament obscur,
Où les astres ternis revivent dans l'azur.
Alors, ces globes d'or, ces îles de lumière,
Que cherche par instant la rêveuse paupière,
Jaillissent par milliers de l'ombre qui s'enfuit,
Comme une poudre d'or sous les pas de la nuit ;
Et le souffle du soir qui vole sur sa trace,
Les sème en tourbillons dans le brillant espace.
L'œil ébloui les cherche et les perd à la fois.
Les uns semblent planer sur les cimes des bois,
Tels qu'un céleste oiseau dont les rapides ailes
Font jaillir en s'ouvrant des gerbes d'étincelles ;
D'autres, en flots brillants s'étendent dans les airs,
Comme un rocher blanchi de l'écume des mers ;
Ceux-là, comme un coursier volant dans la carrière,
Déroulent à longs plis leur flottante crinière ;
Ceux-ci, sur l'horizon se penchant à demi,
Semblent des yeux ouverts sur le monde endormi,

Tandis qu'aux bords du ciel de légères étoiles
Voguent dans cet azur comme de blanches voiles
Qui, revenant au port d'un rivage lointain,
Brillent sur l'horizon aux rayons du matin.

C'est une nuit d'été, nuit dont les vastes ailes
Font jaillir dans l'azur des milliers d'étincelles,
Qui ravivant le ciel, comme un miroir terni,
Permet à l'œil charmé d'en sonder l'infini.
Nuit où le firmament, dépouillé de nuages,
De ce livre de feu rouvre toutes les pages.

Sur le dernier sommet des monts d'où le regard
Sur un double horizon se répand au hasard
Je m'assieds en silence et laisse ma pensée
Flotter comme une mer où la lune est bercée,
L'harmonieux éther dans ses vagues d'azur,
Enveloppe les monts d'un fluide plus pur.
Leurs contours qu'il éteint, leurs cimes qu'il efface,
Semblent nager dans l'air et trembler dans l'espace,
Comme on voit jusqu'au fond d'une mer en repos
L'ombre de son rivage onduler sous les flots

. . . .

Là, semblable à la vague, une colline ondule,
Là, le coteau poursuit le coteau qui recule,
Là, le vallon, voilé de verdoyants rideaux,
Se creuse, comme un lit, pour l'ombre et pour les eaux.

. . . .

Ici s'étend la plaine où, comme sur la grève,
La vague des épis s'abaisse et se relève.
Là, pareil au serpent, dont les nœuds sont rompus,
Le fleuve, renouant ses flots interrompus,
Trace à son cours d'argent des méandres sans nombre

Se perd sous la colline et reparaît dans l'ombre.
Comme un nuage noir, les profondes forêts
D'une tache grisâtre ombragent les guérets.
Et plus loin, où la plage en croissant se déploie,
Où le regard confus dans les vapeurs se noie,
Un golfe de la mer, d'îles entrecoupé,
Des blancs reflets du ciel par la lune frappé,
Comme un vaste miroir, brisé sur la poussière,
Réfléchit dans l'obscur des fragments de lumière.

Que le séjour de l'homme est divin quand la nuit
De la vie orageuse étouffe ainsi le bruit !

. . . .

Un silence pieux s'étend sur la nature,
Le fleuve a son éclat, mais n'a plus son murmure ;
Les chemins sont déserts, les chaumières sans voix
Nulle feuille ne tremble à la voûte des bois ;
Et la mer elle-même, expirant sur ses rives,
Roule à peine au rivage une vague plaintive.
On dirait, en voyant ce monde sans échos,
Où l'oreille jouit d'un magique repos,
Où tout est majesté, crépuscule, silence,
Et dont le regard seul atteste l'existence,
Que l'on contemple en songe, à travers le passé,
Le fantôme d'un monde où la vie a cessé.

. . . .

Seulement dans les troncs de pins aux larges cimes,
Dont les groupes épars croissent sur ces abîmes,
L'haleine de la nuit qui se brise parfois,
Répand de loin en loin d'harmonieuses voix,
Comme pour attester, dans leurs cimes sonores,
Que ce monde assoupi vit et palpite encore.
Un monde est assoupi sous la voûte des cieux ;

Mais dans la voûte même où s'élèvent mes yeux,
Que de mondes sans fin, que de soleils sans nombre,
Trahis par leur splendeur, étincellent dans l'ombre !
Les signes épuisés s'usent à les compter,
Et l'âme infatigable est lasse d'y monter.
Les siècles accusant leur alphabet stérile
De ces astres sans fin n'ont nommé qu'un sur mille ;
Que dis-je ? au bord des cieux il n'ont vu qu'ondoyer
Les mourantes lueurs de ce lointain foyer.
Là l'antique Orion, des nuits perçant les voiles,
Dont Job a le premier nommé les sept étoiles ;
Le Navire fendant l'éther silencieux,
Le Bouvier dont le char se traîne dans les cieux,
La Lyre aux cordes d'or, le Cygne aux blanches ailes,
Le Coursier qui du ciel tire des étincelles,
La Balance, inclinant son bassin incertain,
Les blonds cheveux livrés au souffle du matin,
Le Bélier, le Taureau, l'Aigle, le Sagittaire,
Tout ce que les pasteurs contemplaient sur la terre,
Tout ce que les héros voulaient éterniser,
Tout ce que les amants ont pu diviniser,
Transportés dans le ciel, par de touchants emblèmes,
N'ont pu donner des noms à ces brillants systèmes.
Les cieux pour les mortels sont un livre entr'ouvert
Ligne à ligne à leurs yeux par la nature ouvert.
Chaque siècle, avec peine, en déchiffre une page,
Et dit: « Ici finit ce magnifique ouvrage. »
. . . .
Que dis-je ? à chaque veille, un sage audacieux
Dans l'espace sans bords s'ouvre de nouveaux cieux.
Depuis que le cristal qui rapproche les mondes,
Perce du vaste éther les distances profondes,
Et porte le regard, dans l'infini perdu,

Jusqu'où l'œil du calcul recule confondu,
Les cieux se sont ouverts, comme une voûte sombre,
Qui laisse, en se brisant, évanouir son ombre,
Leurs feux, multipliés plus que l'atome errant
Qu'éclaire du soleil un rayon transparent,
Séparés ou groupés par couches, par étages,
En vagues, en écume, ont inondé leurs plages,
Si nombreux, si pressés, que notre œil ébloui,
Qui poursuit dans l'espace un astre évanoui,
Voit cent fois dans le champ qu'embrasse sa paupière,
Des mondes circuler en torrents de poussière !
Plus loin sont ces lueurs que prirent nos aïeux
Pour les gouttes du lait qui nourrissait les dieux.
Ils ne se trompaient pas: ces perles de lumière,
Qui de la sombre nuit blanchissent la carrière,
Sont des astres futurs, des germes enflammés,
Que la main, toujours pleine, a pour les temps semés
Et que l'esprit de Dieu, sous ses ailes fécondés,
De son ombre de feu couve au berceau des mondes.
C'est de là que, prenant leur vol, au jour écrit,
Comme un aiglon nouveau qui s'échappe du nid,
Ils commencent, sans guide, et décrivent, sans trace,
L'ellipse radieuse au milieu de l'espace,
Et vont, brisant du choc un astre à son déclin,
Renouveler des cieux toujours à leur matin.

Et l'homme cependant, cet insecte invisible,
Rampant dans les sillons d'un monde imperceptible
Mesure de ces feux les grandeurs et les poids,
Leur assigne leur place, et leur route, et leurs lois,
Comme si dans ses mains, que le compas accable,
Il roulait ces soleils comme des grains de sable !
Chaque atome de feu que dans l'immense éther

Dans l'abîme des nuits l'œil distrait voit flotter ;
Chaque étincelle errante au bord de l'empyrée,
Dont scintille en mourant la lueur azurée ;
Chaque tache de lait qui blanchit l'horizon,
Chaque teinte du ciel qui n'a pas même un nom,
Sont autant de soleils, rois d'autant de systèmes,
Qui, de seconds soleils se couronnant eux-mêmes,
Guident, en gravitant dans ces immensités,
Cent planètes brillant de leurs feux empruntés
Et tiennent dans l'éther chacun autant de place
Que le soleil de l'homme en tournant en embrasse,
Lui, sa lune et sa terre, et l'astre du matin,
Et Saturne obscurci de son anneau lointain.

Cependant la nuit marche, et sur l'abîme immense,
Tous ces mondes flottants gravitent en silence,
Et nous-même avec eux, emportés dans leur cours,
Vers un port inconnu nous avançons toujours.
Souvent pendant la nuit, au souffle du zéphire,
On sent la terre aussi flotter comme un navire ;
D'une écume brillante on voit les monts couverts
Fendre d'un cours égal le flot grondant des airs ;
Sur ces vagues d'azur, où le globe se joue,
On entend l'aquilon se briser sous la proue,
Et du vent dans les mâts les tristes sifflements
Et de ses flancs battus les sourds gémissements ;
Et l'homme, sur l'abîme où sa demeure flotte,
Vogue avec volupté sur la foi du pilote !
Soleils, mondes errants qui voguez avec nous,
Dites, s'il vous l'a dit, où donc allons-nous tous ?
Quel est le port céleste où son souffle nous guide ?
Quel terme assigna-t-il à notre vol rapide ?
Allons-nous, sur des bords de silence et de deuil,

Échouer dans la nuit sur quelque vaste écueil,
Semer l'immensité des débris du naufrage ?
Ou, conduits par sa main sur un brillant rivage,
Et sur l'ancre éternelle à jamais affermis,
Dans un golfe du ciel aborder endormis ?
Vous qui nagez plus près de la céleste voûte,
Mondes étincelants, vous le savez sans doute.

LAMARTINE. *Nouvelles Méditations :*
Les Étoiles.

HISTOIRE DU CIEL

I

LES COMMENCEMENTS DE L'ASTRONOMIE

Tant que l'humanité primitive, encore toute
animale, et toujours en proie à la faim, n'eut
d'autre souci que de se défendre contre ses puissants rivaux de la grande faune quaternaire : les
ours énormes, les félides aux puissantes mâchoi-
res, les troupes nocturnes d'hyènes qui, jour et
nuit, assiégeaient ses campements ou lui dispu-
taient les espèces plus faibles dont elle se nourrissait elle-même, elle n'eut pas le loisir de contempler le spectacle des choses, de chercher
ni leur comment ni leur pourquoi. Tout entier
livré à ses craintes et à ses appétits, l'homme
voyait alterner les jours et les nuits, les saisons
chaudes et froides ; il y adaptait ses habitudes
en vertu d'instincts acquis, fixés dans la race
sous la loi de nécessité. Sans raisonnement ni
prévoyance, chaque génération recommençait à

vivre comme avaient vécu les générations antérieures.

Si l'animal bipède à station droite qui renfermait le devenir humain put réussir à se perpétuer et à se défendre contre ses ennemis mieux armés, c'est par la défense et l'attaque collectives ; c'est que l'espèce amphibie dont il est issu, vers le milieu et non à la fin des temps géologiques, était déjà une espèce sociale, vivant par troupeaux nombreux. C'est par troupes que l'être humain primitif campait sur les bords des fleuves, poursuivait dans leurs larges vallées les rhinocéros, les hyppopotames, les éléphants, les aurochs, les cerfs à vaste ramure, ses contemporains, dont ses appétits imprévoyants, plus encore que les changements de climat, devaient détruire les espèces.

Forcée la nuit de s'entourer de feu pour éloigner les fauves nocturnes, chaque troupe s'abandonnait à un sommeil toujours inquiet, plus attentive aux bruits de la terre qu'aux mouvements des étoiles.

Inconnue des autres troupes, qui n'étaient pour elle que des rivales au banquet toujours trop étroit de la vie, elle reproduisait ses générations, s'accroissant ou diminuant en nombre, selon les circonstances favorables ou contraires.

Avec un langage rudimentaire, tout émotionnel, formé de cris interjectifs, qui, n'ayant pas encore de noms pour désigner ni les choses ni les individus, ne pouvait exprimer ni les relations de temps, ni celles d'espace, encore moins celles de nombre, et se refusait à toute narra tion des actes successifs, comme à toute description des faits synchroniques, aucune tradition n'était possible.

N'ayant aucune mesure du temps, la périodicité des faits astronomiques ne pouvait s'enregistrer dans la mémoire d'hommes dont les seuls signes arithmétiques étaient leurs deux mains et les cinq doigts de chaque main, mais qui au delà, ne sachant plus compter, ne concevaient plus qu'une pluralité indéfinie.

Les jours devaient ainsi succéder aux jours sans que l'homme pût en exprimer le nombre. Il voyait le soleil se lever chaque matin du même côté de l'horizon et disparaître le soir du côté opposé, décrire dans le ciel des arcs inégaux, selon les saisons, rayonner plus ou moins de chaleur et transformer l'aspect des choses, sans que sa raison, encore endormie, fût en état d'établir une relation de causalité entre les changements du ciel et ceux de la terre. Il subissait leur périodicité sans en chercher l'explication. Son imagination rudimentaire ne pouvait concevoir qu'il en pût être autrement, ni pourquoi il en était ainsi. Sa curiosité n'était éveillée que par les objets qui avaient avec ses périls ou ses besoins du moment une relation immédiate ; sa prévoyance n'allait pas jusqu'au lendemain. Il dévorait le jour même le produit de sa chasse, quitte à jeûner, le jour suivant, si cette chasse n'était pas heureuse. Comment aurait-il pu prévoir le retour périodique des saisons qui cependant lui apportaient tantôt l'abondance, tantôt la famine ? Il ne pouvait s'étonner

que des événements contraires à l'ordre accoutumé,et, insouciant du nombre des jours de l'année, toute éclipse le frappait de cette même
terreur dont tous les animaux eux-mêmes se
montrent atteints.

On peut comprendre, après cela, l'étonnement,
l'admiration, la crainte inspirée par les premiers
êtres humains qui, par une faculté de numération
plus étendue, et des procédés arithmétiques nouveaux, bie n que très rudimentaires encore,mais
leur permettant d'enregistrer une plus longue
suite d'observations, purent prévoir et annoncer
le retour de certains phénomènes.

Les premiers faits astronomiques qui attirèrent
l'attention de ces individus exceptionnels furent
certainement les retours périodiques des phases
lunaires.

Cette période de 29 jours, 12 heures et 43
minutes comprend donc une fraction de jour,
et ce n'est qu'après une assez longue suite d'observations que, sans instruments, avec le seul
secours des yeux, cette période put être établie.

La période réelle de translation de la lune
autour de la terre,ou de sa révolution sidérale,
c'est-à-dire de son retour dans le ciel vers la
même étoile, est plus aisée à déterminer ; mais
les variations de la lune en déclinaison jettent
quelques incertitudes dans les observations. Cette
période est de 27 jours,7 heures et 43 minutes,
ou environ vingt-sept jours et 1/3. Il ne paraît
pas douteux que ce soit cette période qui donna
lieu à la période de 7 jours, qui constitue la se-
maine, et qu'on trouve si généralement établie,

dès les premiers temps de l'histoire, chez tous les peuples anciens.

Cette période de sept jours, en effet, représente à peu près le quart d'une lunaison, supposée de 28 jours, et pour de courtes périodes, elle correspondait aux phases lunaires. La lunaison de 28 jours était plus longue d'environ 16 heures que la révolution sidérale et plus courte d'un jour et demi que la lunaison solaire.

L'année solaire de 365 jours 1/4 contient 13 de ces périodes de 28 jours, avec un jour surnuméraire, puisque 52 semaines de 7 jours font 364 jours; mais elle ne contient que 12,33 lunaisons. Supposant celles-ci de 30 jours, au lieu de 29 jours 6/10, 12 de ses lunaisons donnaient une année de 360 jours divisée en 12 mois.

C'était une division du temps très pratique et qui correspondait au renouvellement des saisons dans la mesure nécessaire aux besoins sociaux de l'époque.

Celui qui l'inventa fit œuvre de génie.

L'erreur de cinq jours 1/4 qu'elle renfermait ne pouvait se constater que dans une période de six années, après lesquelles la période solaire se trouvait en retard à peu près d'un mois sur la période lunaire de 72 mois de 30 jours. 73 lunaisons font en effet six ans et 5 jours.

Le retard annuel d'un sixième de mois n'était pas aisé à constater. Les moments des solstices ne peuvent être déterminés sans instruments que par le jour le plus long et le plus court de l'année; mais on n'avait pas d'horloge pour les mesurer. Les moments exacts du lever et du coucher du soleil sont eux-mêmes impossibles à préciser, à la seule vue. Il ne restait d'autre moyen aux premiers astronomes que de déterminer, par suite d'observations annuelles, les points précis de l'horizon derrière lesquels se levait et se couchait le soleil en été et en hiver. Ces points les plus éloignés entre eux indiquaient les jours des solstices.

Il y avait bien aussi la ressource de marquer chaque jour les longueurs de l'ombre, sur le sol, d'un tronc d'arbre ou d'une perche plantée verticalement. La direction de cette ombre, au moment où elle était la plus courte, indiquait celle du méridien et le milieu du jour. Le jour de l'année où cette ombre, à midi, était la plus courte, indiquait le solstice d'été; celui où elle devenait la plus longue indiquait le solstice d'hiver. C'était la méthode du Gnomon.

Mais, pour suivre de telles observations, il fallait déjà avoir beaucoup observé; il fallait une persévérance, une prévoyance, une suite dans les idées qui ne sont point le propre des peuples sauvages. De plus, il fallait que ces peuples fussent sédentaires aux mêmes lieux toute l'année et non contraints de vivre d'une vie nomade, et d'émigrer, avec les saisons, pour se procurer leur nourriture.

Aussi cette méthode d'observation du Gnomon ne fut-elle connue que tardivement. On en a attribué l'invention au Ionien Anaximène. Mais elle était connue des Chinois 1100 ans avant notre ère, et il y a lieu de croire que les Egyptiens en ont fait usage à des époques bien antérieures. Leurs obélisques étaient des gnomons. Certains menhirs celtiques pourraient avoir eu le même usage. Les druides cultivaient beaucoup l'astronomie.

La détermination des jours équinoxiaux était encore plus difficile que celle des solstices. Le mouvement apparent du soleil étant inégalement rapide dans les deux moitiés de l'année, on ne pouvait simplement diviser en deux parties égales la période comprise entre le solstice d'été et celui d'hiver.

C'est pourtant ce qu'on fit d'abord. Il fallut des observations séculaires pour constater qu'aux jours indiqués comme équinoxiaux la durée des jours n'était pas tout à fait égale à celle des nuits ; que, de plus, les points de l'horizon où se levait et se couchait le soleil, les jours où cette égalité se réalisait étaient lentement variables. La cause de cette variation n'a été connue que dans les temps modernes, quand il fut constaté que le soleil, dans sa course apparente, comme la terre dans sa révolution réelle, ne décrit pas un cercle, mais une ellipse et que le grand axe de cette ellipse se déplace lentement, mais constamment, relativement aux points équinoxiaux ; c'est-à-dire qu'il fallut être arrivé à Képler.

On voit quelles difficultés eurent à vaincre les premiers observateurs du ciel pour dresser le premier calendrier qui fût à peu près exact, et quelle admiration durent inspirer ceux qui, les premiers, purent prédire la coïncidence du renouvellement des saisons solaires et des phases lunaires. Il ne faut donc pas s'étonner si les premiers faiseurs d'almanach passèrent pour sorciers et si les derniers ont continué de mêler un peu de magie divinatoire à leurs prédictions du temps.

Aussi, pendant que s'accomplissait cette œuvre considérable, si on tient compte des difficultés, et qui exigea de longs siècles, l'évolution humaine s'était précipitée. Les temps géologiques avaient pris fin. Plusieurs races humaines, rien qu'en Europe, s'étaient succédé et avaient disparu. L'homme s'était inventé des outils, successivement perfectionnés, des armes aussi pour mieux s'entre-détruire. Tout cela peut-être avant de savoir le nombre des jours de l'année et même la durée exacte d'une période lunaire, qui servit d'abord, et sans doute pendant une longue succession de siècles, à supputer le temps, à fixer les dates...

Delà, probablement, ces vieilles traditions sur la longévité des anciennes races... D'après cette chronologie lunaire, le fameux Mathusalem n'aurait vécu que 75 ans. Son existence du reste n'en serait pas plus authentique. Car l'année solaire de 365 jours paraît avoir déjà été connue à cette époque de la pierre polie qui commença la grande période pastorale et agricole, la première qui mérite, au moins relativement, le nom de civilisation, et dont la durée dépasse certainement de plus du double les quatre mille ans accordés par la chronologie biblique à l'existence de l'humanité avant notre ère.

Les pasteurs, délivrés de cette hantise de la faim à laquelle jusque-là l'homme était resté en proie, eurent des loisirs pour contempler le ciel, en gardant leurs troupeaux, durant les nuits si claires de l'Asie occidentale et de l'Europe méridionale. Durant les longs soirs, assis aux portes des tentes, les familles patriarcales se transmirent, avec les récits traditionnels de chaque tribu, les légendes et les mythes qui satisfaisaient vaguement aux premières curiosités de l'intelligence. C'est alors que naquirent ces dryades, ces tryades créatrices qui de l'antique Ouranos et de la vieille Gea ou Rhéa, faisaient sortir tous les êtres. De cette union du ciel et de la terre étaient nés les hommes et les dieux.

Mais ces vagues explications analogiques, excitant les imaginations sans les satisfaire, provoquaient des observations plus attentives des phénomènes. On n'avait que de vagues idées sur la nature de ce Soleil, de cette Lune dont on faisait des divinités; mais les phases lunaires et la course du Soleil étaient mieux étudiées. L'attention avait été attirée sur les mouvements des étoiles. On avait distingué celles dont la course était irrégulière de celles qui, chaque jour, suivaient une route fixe, se levaient à l'orient, se couchaient à l'occident comme le soleil, en conservant entre elles les mêmes distances...

On avait aussi reconnu que toutes ne paraissaient pas aux mêmes heures en toutes saisons; que les nuits d'été n'étaient pas éclairées par les mêmes astres que les nuits d'hiver; que le soleil n'habitait pas toujours la même région du ciel, mais, dans le cours de chaque année, en parcourait le cercle entier d'un mouvement de sens contraire à celui de sa course diurne, revenant

toujours, dans les mêmes saisons, en conjonction avec les mêmes étoiles fixes.

De là cette antique conception d'un Zodiaque,
d'une ceinture ou zone céleste, renfermant les
12 maisons du Soleil qu'il habitait successivement et dans lesquelles venaient, tour à tour
aussi, habiter les cinq étoiles mobiles et la Lune
elle-même.

Toutes ces observations étaient surtout poursuivies, avec constance et méthode, par certains
collèges sacerdotaux, intéressés à bien connaître
ces dieux dont ils étaient les sacrificateurs et
dont ils se disaient les interprètes.

En Egypte, sous les premières dynasties memphites, de quatre à cinq mille ans avant notre
ère, et sans doute grâce aux travaux poursui-
vis dans le temple de Ptah, on connaissait assez
de géométrie pour faire des observations précises sur les positions des astres. On avait déterminé à peu près exactement la durée de l'année
solaire et celle des lunaisons. On avait constaté
l'obliquité de l'ecliptique, c'est-à-dire l'inclinaison du plan de la courbe annuellement parcourue
par le Soleil, d'occident en orient, relativement
au plan de sa courbe apparente diurne d'orient
en occident.

Cette route annuelle du Soleil, en sens rétrograde de son mouvement diurne apparent, dé-
crivait dans le ciel le milieu de la zone ou ceinture zodiacale dans laquelle circulaient tous les
astres mobiles sous des inclinaisons différentes.
C'est lorsque la Lune, dans sa course mensuelle,
traversait le plan de la route suivie par le Soleil

que se produisaient les éclipses. C'est pourquoi cette courbe céleste, parcourue annuellement par le Soleil, reçut des anciens le nom d'écliptique qu'elle a conservé.

L'écliptique, que nous appelons aujourd'hui l'orbite terrestre, est en effet le plan fondamental pour les astronomes : puisque c'est toujours d'un point de ce plan qu'ils peuvent observer tous les mouvements des astres, tels qu'ils se projettent sur le ciel, sous la forme de déplacements curvilignes sur une sphère, seuls observables. De ces déplacements relatifs, la géométrie peut induire les mouvements réels dont ils ne sont que la projection. Mais ces inductions géométriques sont possibles seulement à la condition que le mouvement de la Terre, dans cette sphère céleste apparente, soit préalablement connu. C'est parce que les anciens ont cru la Terre immobile qu'ils ont dû fatalement prendre pour des mouvements réels des astres les projections sphériques de ces mouvements.

L'écliptique n'est donc pas le plan central de notre système solaire ; ce n'est que le plan commun de nos observations et de nos observatoires terrestres. C'est parce que ce plan n'est pas central, parce que la courbe qui le limite est excentrique, par rapport au centre du système, que toutes les orbites des astres, qui en font partie, sont si inextricablement enchevêtrées. Si tous les mouvements de ces corps étaient rapportés au plan de l'équateur solaire, toute l'astronomie descriptive serait considérablement simplifiée pour l'enseignement; mais les astronomes n'en devraient pas moins conserver l'écliptique comme plan fondamental de leurs observations directes et de leurs calculs.

La découverte de l'obliquité de l'écliptique et sa détermination angulaire est donc le fait le plus important de l'histoire de l'astronomie. Elle en était le point de départ nécessaire.

Cette découverte devait être connue des prêtres chaldéens de Babylone auxquels on doit la série la plus ancienne et la plus longue d'observations astronomiques que l'antiquité ait léguée aux temps modernes. Elle nous a été transmise par Hipparque. Elle ne concerne, il est vrai, que des observations d'éclipses. Ils étaient arrivés à déterminer la période Saros de 18 ans et 11 jours, ou environ 222 lunaisons 1/2, qui ramène dans le même ordre les mêmes éclipses, au nombre de 70, dont 41 de Soleil et 29 de Lune. On peut soutenir que cette période a pu être établie empiriquement, sans le secours du calcul, en la déduisant seulement d'une série assez longue d'observations. La série des observations des Chaldéens embrassant une période de 1900 ans, d'après Hipparque, elle contenait plus de 105 périodes Saros. C'était bien suffisant pour établir la périodicité des éclipses. Mais de telles observations entraînaient la connaissance exacte de la longueur de l'année solaire et de la durée d'une lunaison.

Le philosophe ionien Thalès doit avoir connu ce retour périodique des éclipses, pour avoir prédit celle qui se produisit le jour où Cyaxare, roi des Mèdes, livra bataille à Alyatte, roi de

Lydie, et qui doit s'être produite le 28 mai 584 avant notre ère, fixant ainsi pour nous un point de repère chronologique certain.

Mais si la régularité périodique des éclipses était dès lors constatée, la cause du phénomène demeurait inconnue. Cependant Anaximène et Anaximandre, successeurs de Thalès en Ionie, et Anaxagore qui vint enseigner à Athènes, au temps de Périclès, paraissent avoir compris que les éclipses de Soleil sont causées par le passage de la Lune entre la Terre et cet astre qu'elle occulte ainsi plus ou moins complètement. L'explication semblait évidente.

Celle des éclipses de Lune était plus difficile à trouver tant que la rondeur de la Terre n'était pas plus connue que sa grandeur et ses distances relatives au Soleil et à la Lune.

On ne se doutait pas même alors que la lumière de la Lune lui vînt du Soleil. On supposait généralement son occultation par quelque corps obscur, lui-même invisible, quand sa silhouette se projetait sur le disque lunaire alors pleinement éclairé. On n'avait d'ailleurs aucune idée de la cause des variations de forme de la Lune.

On ne pouvait les expliquer que par des occultations partielles, à moins de lui supposer une ligne irrégulière de demi-sphère échancrée se montrant alternativement par ses différents profils. Démocrite, contemporain d'Anaxagore, soupçonna, le premier, que c'était une sphère éclairée par la lumière du Soleil.

La possibilité et l'utilité de savoir toutes ces choses était contestée par Socrate, aussi positiviste dans son temps que dans le nôtre Auguste Comte, contemporain d'Arago, d'Herschell et de tant d'autres fouilleurs du ciel, qui niait encore la possibilité de rien savoir de précis quant aux étoiles. Mais tandis que, de nos jours, Auguste Comte interdisait à ses disciples la recherche du pourquoi des choses, et ne leur permettait que celle du comment, Socrate se moquait -fort d'Anaxagore qui prétendait enseigner le comment sans s'inquiéter du pourquoi ?

En réalité, le jour où le comment? des choses nous sera complètement connu, nous saurons aussi leur pourquoi? Ce sont les deux côtés de l'éternelle question de causalité qui est l'objet de toute science. Seulement le dernier pourquoi? qui ressortira du dernier comment? sera la négation de tous les pourquoi? cherchés par les Socrates *cause-finaliers,* dont le tort est de vouloir tout rapporter à l'homme, éphémère produit de notre petite nature terrestre, dont ils veulent faire le centre et le but de l'univers.

Telle a été à travers les temps, et telle est encore aujourd'hui, la grande erreur de l'homme de se croire le centre et le but de la nature. Que de gens croient encore que le Soleil est fait pour éclairer leurs jours, la Lune et les étoiles pour décorer leurs nuits et recréer leurs yeux! Telle a été la cause principale des premières et invincibles erreurs des astronomes primitifs qui plaçaient la Terre au centre du monde, parce que fatalement la Terre était le point d'où ils observaient le monde. C'était une erreur d'optique. Ils ne pouvaient y échapper, tant que les grandeurs relatives de la Terre et des astres, ainsi que leurs distances leur étaient inconnues. Si ces distances leur eussent été connues, ils étaient assez bons géomètres pour en déduire les grandeurs. Réciproquement, des grandeurs ils auraient pu conclure les distances. Mais, ignorant les unes comme les autres, le problème était insoluble pour eux.

Une science astronomique positive n'est devenue possible que le jour où l'on eut une certaine mesure de la circonférence terrestre, tout au moins d'un arc du méridien.

II

QUELLE IDÉE D'ENSEMBLE
LES ANCIENS SE FAISAIENT-ILS DU MONDE?

Tous les anciens ont cru que la Terre occupait le centre du monde. Pour Homère, elle était encore plate et ovale, comme une table, et de tous côtés environnée par l'océan, sur lequel elle flottait comme un radeau. Selon les premiers Chaldéens, c'était une barque renversée. Les Hindous, d'une imagination plus compliquée, la faisaient reposer sur le dos d'un éléphant, porté lui-même par une tortue. Qui portait la tortue? Il n'était pas permis de le demander. C'était justement ce que chacun aurait voulu savoir ; car, de cause en cause, nous sommes ainsi faits que nous arrivons toujours au bout et qu'il n'y a que la première qui nous importe. C'est une vieille habitude prise. Voltaire lui-même n'y a pas échappé, quand il a cru nécessaire que la montre de l'univers fût construite par un horloger. Qui aurait construit l'horloger? C'est toujours la tortue des Hindous. Puisqu'il faut bien arriver à quelque chose d'éternel, autant vaut la montre que l'horloger, autant vaut le monde, tout de suite, que l'éléphant et, en plus, la tortue.

Pourtant Homère et les Hindous avaient une excuse ; c'est que l'esprit humain, qui doit toutes ses notions, même les plus imaginaires, aux réalités expérimentales et aux lois géométriques et mécaniques dont l'observation constate l'universalité, comme l'entendement en confirme la nécessité, ne peut concevoir un corps isolé et immobile en équilibre dans le vide, que sous la condition qu'il soit le centre du monde, et que tous les autres corps existants prennent leur point d'appui sur lui. Les anciens avaient parfaitement constaté qu'en vertu de leur pesanteur tous les corps tendent au centre de la terre, supposée ronde. Cette hypothèse avait fini par être adoptée par tous les philosophes. Elle supposait l'existence d'antipodes; mais si l'on supposait entouré d'océans continus le continent seul connu des anciens, l'objection s'évanouissait.

L'hypothèse de la rondeur de la Terre, située au centre du monde, avait triomphé au temps d'Aristote et remonte vraisemblablement beaucoup plus loin, jusqu'aux philosophes ioniens. Elle paraît avoir fait partie de la cosmogonie égyptienne et phénicienne, puisque Sanchoniathon représente l'oiseau Chamos, identique à l'Eros grec et au Phtah égyptien, couvant l'œuf du monde pour le féconder. D'ailleurs la rondeur du ciel, si sensible aux yeux, et la course des astres, disparaissant chaque soir à l'occident, au-dessous de l'horizon, pour reparaître douze heures après, à l'orient, font invinciblement naître cette idée de la rondeur de la terre. Il est impossible que les marins de Phénicie et de Grèce ne l'aient pas constatée, lorsqu'en s'éloignant de la côte ils voyaient disparaître les rivages avant les édifices ou les montagnes qui les dominaient, ou lorsqu'en mer ils apercevaient les voiles d'un vaisseau avant d'en voir la coque. Cependant, alors comme aujourd'hui encore, cette idée de la rondeur de la terre resta circonscrite parmi les gens cultivés, et ne pénétra que difficilement parmi les populations rurales.

Mais qu'était ce ciel qui environnait la terre, dont chacun connaissait au moins le nom et qui, sous des noms différents, était pour tous le père des dieux et dieu lui-même?

Dès la grande période memphite, ou ancien empire de leur histoire, les Égyptiens semblent avoir eu en astronomie des notions très précises qui se sont perdues durant le moyen empire, sous la théocratie thébaine, et surtout à l'époque de décadence qui suivit la conquête perse. Or c'est à ce moment que les Grecs entrèrent en relation avec les Égyptiens, et il dut se produire alors le phénomène d'un recommencement de toutes les sciences, qui se manifesta d'abord dans l'Ionie, chez les Grecs de la côte d'Asie.

C'est ainsi qu'on peut expliquer comment les Grecs de la belle époque littéraire ignoraient ce qui était connu quarante siècles auparavant à Memphis.

Pour Aristote, qui nous a transmis les opinions de ses prédécesseurs et a résumé la science de son temps, la terre immobile occupait le centre du monde. Elle était sphérique et concentrique avec sept autres sphères transparentes auxquelles étaient fixés les sept astres alors connus: la Lune, Vénus, Mercure, le Soleil, Mars, Jupiter et Saturne. Au delà était la sphère des étoiles fixes ou septième ciel.

Ces sept cieux concentriques tournaient autour de la terre, et d'orient en occident, en un jour, d'un mouvement commun, accomplissaient leur révolution autour d'un axe immobile, dont les deux extrémités étaient les pôles du monde. Le pôle boréal était seul connu, et dès lors l'étoile polaire, bien qu'un peu plus éloignée du pôle qu'aujourd'hui, servait de guide au navigateur.

Ces astres étaient animés, chacun, sur sa sphère, d'un mouvement propre d'occident en orient, en sens rétrograde du mouvement diurne du ciel. Ce mouvement n'était régulièrement circulaire que pour la Lune et le Soleil. Les mouvements des planètes étaient plus ou moins irréguliers. Ceux de Mars, de Jupiter et de Saturne paraissaient encore s'accomplir suivant des cercles; mais avec des vitesses variables, des moments d'arrêts et même de rétrogradation, et de grandes variations d'éclat, dont la cause restait inconnue. Quant à la course de Vénus et de Mercure, sur leur propre sphère, elle était d'une complication extrême, décrivant autour de la Terre des boucles spirales ou épicycles qui tantôt les faisaient avancer d'orient en occident et tantôt rétrograder d'occident en orient. C'était un démenti à la thèse, si chère aux philosophes finalistes, qui attribuaient aux astres le mouvement circulaire, par cette raison qu'il est le plus parfait de tous, du moins en jugeaient-ils ainsi. C'était pour eux un article de foi.

Quelle était la nature de ces astres? Bien des hypothèses étaient émises. Comme ils étaient lumineux, que la chaleur du Soleil surtout était sensible, on s'accordait, assez généralement, à les considérer comme participant de la nature du feu, celui des quatre éléments constitutifs du monde, d'après la physique du temps, que l'on supposait supérieur aux autres et plus près de la nature divine.

D'ailleurs, on se tirait de tous les embarras et et l'on résolvait toutes les questions obscures en proclamant la divinité de ces astres et leur qualité de maîtres de l'univers.

Ne portaient-ils par les noms des dieux?

Il est assez malaisé de déterminer l'époque où s'est faite cette identification des dieux traditionnels des divers peuples de l'antiquité avec les corps célestes alors connus. Elle est relativement récente en Grèce. On n'en trouve pas trace chez Homère, dont les dieux ont tous des formes bien humaines. Mais elle paraît avoir été faite plus tôt chez les peuples de Chaldée et en Égypte, sous les noms de divinités différentes, n'ayant ni les mêmes rôles cosmiques, ni les mêmes relations généalogiques, sauf pour le Soleil et la Lune, avec des divinités de rang inférieur.

Cette divinisation des astres paraît avoir été exclusivement l'œuvre des sacerdotes savants qui accumulèrent les premières observations astronomiques. C'est d'eux que les Grecs, évidemment, les empruntèrent. Encore, cette assimilation des vieilles divinités traditionnelles avec les planètes, que la masse populaire ne distinguait pas plus des étoiles qu'elle ne le fait encore de nos jours, resta-t-elle confinée parmi les lettrés, devenus assez sceptiques, quant à la réalité des dieux d'Homère, et qui trouvèrent ainsi un moyen d'accorder la religion nationale avec leur raison qui protestait.

L'idée qu'aucune tête grecque ou latine n'eût pu concevoir, c'est que l'étoile du matin, Vénus, ou le brillant Jupiter, le « donneur de pluie » des Chaldéens, fût un monde comme le nôtre. Il y avait à cela une impossibilité géométrique et les Grecs lettrés étaient bons géomètres. En effet, ils voyaient la terre fort grosse, bien qu'ils ne la connussent qu'en partie, et les sept sphères célestes devaient tourner bien vite pour en faire le tour chaque jour. On ne pouvait supposer les astres très éloignés de la terre sans agrandir encore le rayon de leur orbite et sans augmenter la vitesse de leur course quotidienne. On devait donc les supposer très petits, et Anaxagore concluait avec vraisemblance que le Soleil était grand comme le Péloponèse. C'était déjà une jolie grandeur pour un Apollon, et l'on conçoit que les pontifes du dieu aient conçu des défiances au sujet de ces philosophes qui se permettaient de spéculer ainsi sur la taille des dieux. C'était irrévérencieux; on le fit bien voir à Socrate qui, pourtant, sur ce point, raillait fort Anaxagore.

Les pontifes de tous les pays semblent s'être montrés plus accommodants quant aux hypothèses

que les esprits curieux se permettaient sur les
étoiles dites fixes, du moins sur celles qui,
trop petites et trop nombreuses pour avoir reçu
des noms divins, étaient restées en quelque
sorte dans le domaine des spéculations poétiques.

Ce septième ciel était le dernier terme de toutes
les régressions de la pensée dans l'infini de l'espace, comme la tortue des Hindous qui portait
le monde était le dernier terme dans la série des
causes, ou le fatum d'Homère le dernier terme
dans la série des dieux. C'était le ciel des cieux.

Les uns supposaient cette sphère adaman-
tine percée, comme un vaste crible, de trous
laissant passer les rayons des feux de l'Empyrée.
D'autres croyaient les étoiles attachées comme
des lampes à cette voûte de verre à seule fin
d'éclairer les hommes en l'absence du Soleil ou
de la Lune. C'étaient des cause-finaliers.

Que faut-il croire de la tradition qui attribue
à Pythagore, environ six siècles avant notre ère,
la connaissance du véritable système du monde?
C'est, au moins en partie, une assertion des
néo-Pythagoriciens de la renaissance, disposés à
faire remonter les découvertes récentes jusqu'à
un maître dont les mystérieuses doctrines étaient
presque tombées en oubli, dont les écrits étaient
perdus et dont la vie même était obscurcie par
la légende.

Pythagore, qui fut certainement un grand
géomètre, peut avoir, l'un des premiers, reconnu
la sphéricité de la Terre, par analogie avec la
rondeur évidente du Soleil, de la Lune et même
des planètes, dont les phases sont invisibles à

l'œil nu. Il en a peut-être induit l'hypothèse de la rotation de la Terre sur elle-même qui explique d'une façon si naturelle le mouvement diurne de tous les astres...

Toute l'école italique, formée de ses disciples qui ont enseigné, pour la plupart, dans les villes de la grande Grèce, semble avoir partagé sur ce point les vues de son fondateur.

Mais la tradition qui attribue à l'école italique l'idée de la position centrale du Soleil et du mouvement de translation de la Terre autour de lui, paraît erronée.

Philolaüs, né à Crotone, vécut à Tarente, à Héraclée, puis à Thèbes, où il fut le maître de Simias et de Cébès. Il peut avoir reçu directement les enseignements de Pythagore, et fut le premier à les divulguer par écrit. Platon, qui acheta 9000 livres, de notre monnaie, trois volumes de lui, a donc bien connu ses doctrines qui faisaient des nombres et de la mesure les grandes lois de l'univers.

Toute la science moderne a confirmé cette grande idée de Pythagore, obscurcie par le mysticisme des néo-Pythagoriciens de la décadence grecque. Philolaüs, après Pythagore, et en partant comme lui de prémisses géométriques, aurait admis l'existence du mouvement de rotation de la Terre sur elle-même, produisant l'alternance du jour et de la nuit, et un autre mouvement de la Terre, du Soleil lui-même, de la Lune et des planètes autour d'un feu central invisible aux mortels... (Beeckh. Philolaüs, 1819, in-8.)

Philolaüs n'eut donc pas la notion claire de

la position centrale du Soleil, pas plus qu'il n'eut celle de sa distance et de sa grandeur, relativement à celle de la Terre.

Nous ne sommes renseignés sur les opinions des autres successeurs de Pythagore, dans la grande Grèce, que très indirectement par des citations et des résumés dus à des auteurs plus récents, peu exacts, qui se répètent les uns les autres, et qui appartiennent à cette catégorie des gens de lettres qui, pas plus chez les anciens que chez nos contemporains, ne possédaient assez de compétence en matière de science pour éviter les contre-sens et même les non-sens.

Il faut se méfier de ces emprunts successifs que des auteurs se font les uns aux autres sur des problèmes qui exigent la précision des termes et qu'ils ne sont pas toujours préparés à bien comprendre. Il peut suffire d'une préposition mise pour une autre, par un copiste, pour altérer le sens d'une proposition. La substitution du préfixe *péri* (περι) au préfixe *pro* (προ) peut suffire à changer le mouvement de la Terre *devant* le Soleil en mouvement *autour* du Soleil ; et pour les anciens *le mouvement circulaire* s'entendait également de la rotation d'un corps sur son axe et de sa translation suivant un cercle.

Arago cite, comme ayant admis le mouvement de rotation de la Terre, avec Philolaüs, Ecphantus, le Pythagoricien, et Nicétas, de Syracuse. Il y joint Héraclide de Pont, plus récent et d'une autre école. On peut y ajouter Archytas, de Tarente. Mais à propos de ces philosophes, il ne peut être question du mouvement de translation autour du Soleil.

Empédocle, dejà né vers 444 avant notre ère, vint s'établir dans le Péloponèse après la prise d'Agrigente par les Carthaginois (406 av. J.-C.). Il a écrit de longs poèmes sur la nature, où il a dit beaucoup de folies, mais émis quelques prévisions singulièrement justes. C'est un des pères de la vieille physique des quatre éléments : le feu, l'eau, la terre et l'air, auxquels il joignait comme principes moteurs, l'amour et la haine que les modernes ont remplacés par l'attraction et la répulsion. Empédocle réagissait contre la doctrine ionienne de l'unité de substance.

Comme Newton l'a fait plus tard, et peut-être d'après lui, il considérait la lumière comme résultant de l'écoulement continu de corpuscules lumineux, lancés dans toutes les directions par le Soleil. On lui objectait que ces corpuscules devant mettre un certain temps à venir du Soleil à la Terre, nous ne verrions jamais cet astre à sa vraie place. Empédocle répondait, très justement, qu'il en serait ainsi, en effet, si le Soleil était en mouvement; mais que la Terre, tournant autour de son axe, chaque point de sa surface, venant au-devant des rayons émis par le Soleil, voit cet astre dans leur prolongation.

L'objection et la réponse étaient justes et le sont encore de nos jours, dans l'hypothèse moderne de la nature vibratoire de la lumière.

En effet, celle-ci nous vient du Soleil en huit minutes environ, et pendant ce temps chaque point de l'équateur franchit un espace de deux degrés de chacun 111 kilom. au devant du rayon lumineux. Quand il le rencontre, ce point de l'équateur voit bien le Soleil à sa vraie place, sur le prolongement de ce rayon, bien que celui-ci soit parti du Soleil huit minutes auparavant. Il en serait de même du mouvement de translation de la Terre autour du Soleil, supposé relativement immobile. Il en serait autrement d'un corps lumineux placé dans une position excentrique, par rapport au mouvement de la terre. C'est ce qui explique l'aberration de la lumière des étoiles que nous ne voyons jamais à leur vraie place et qui paraissent décrire annuellement, sur le ciel, des cercles ou des ellipses plus ou moins excentriques, selon la position qu'elles occupent relativement au plan de l'orbite terrestre.

La réponse d'Empédocle montre donc clairement qu'il était convaincu du mouvement de rotation de la Terre ; mais elle n'implique pas sa croyance à son mouvement de translation.

Anaxagore, Socrate, Platon et même Aristote, postérieurs à Empédocle et aux disciples immédiats de Pythagore, ont donc rétrogradé en astronomie sur eux en conservant à la Terre son immobilité et en faisant tourner le ciel autour d'elle chaque jour.

Héraclide de Pont, disciple de Platon, de Speusippe et d'Aristote, paraît s'être séparé de ses maîtres à cet égard, pour revenir aux doctrines pythagoriciennes sur le mouvement de rotation de la Terre, mais en lui conservant sa situation centrale. Il ne lui accordait pas le mouvement de translation.

Aristarque, de Samos, qui paraît avoir vécu vers 280 avant notre ère, a été, chez les Grecs, le véritable initiateur du système du monde que Kopernic devait développer dix-huit siècles plus tard.

A cet égard, nous avons un témoignage précieux, c'est celui d'Archimède, dont la compétence en géométrie est indiscutable.

« Parmi ceux qui ont écrit sur l'astronomie, dit le savant Syracusain, Aristarque le Samien soutint la doctrine de la multiplicité des mondes et de l'immobilité permanente des étoiles ainsi que du Soleil, autour duquel la Terre se meut dans un cercle dont il est le centre. »

Sextus Empiricus constate également l'opinion d'Aristarque sur le double mouvement de rotation et de translation de la Terre; mais en qualité de chef de l'école sceptique, il fait quelques réserves. Il voit une objection dans la question de temps, trouvant une journée bien courte pour une rotation complète de la Terre sur son axe. Mais une rotation entière du ciel, c'est-à-dire d'une sphère d'un rayon nécessairement beaucoup plus vaste, était encore bien plus difficile à admettre. Dans tous les temps les objections des sceptiques aux nouvelles hypothèses se sont ainsi retournées contre eux.

Plutarque, un siècle après notre ère (50 à 140 ap. J.-C.), ne parle de la doctrine d'Aristarque que pour éclaircir celle du beau phraseur Platon, dont l'influence sur l'esprit grec a été si néfaste, au point de vue scientifique.

Si l'on en croit Plutarque, Aristarque n'aurait proposé son système que comme une hypothèse. Un certain Séleucus, dont nous ne savons rien autre chose, l'aurait enseigné comme un fait démontré.

Il est certain que, loin d'être adoptées par ses contemporains, les idées d'Aristarque les soulevèrent contre lui. C'est une preuve de plus qu'elles étaient nouvelles en Grèce. Le stoïcien Cléanthe d'Assos, un de ces moralistes maussades, qui séduisent les foules par leur austérité orgueilleuse et souvent hypocrite, et, leur soufflant leurs envies et leurs haines, les poussent souvent aux crimes, prétendit qu'Aristarque, en supposant la Terre mobile et les cieux immobiles, outrageait la majesté des dieux et que la Grèce aurait dû lui faire un procès pour irréligion.

Par une ironie du sort, une erreur de copiste, qui constitue un contre-sens dans les écrits de Plutarque, a travesti les rôles de Cléanthe et d'Aristarque en faisant passer celui-ci pour l'accusateur de celui-là. Ménage et Bayle ont corrigé l'erreur en la signalant. (Voy. Bayle, *Aristarque.*)

Ce qui est certain, c'est que la doctrine d'Aristarque ne fut pas adoptée par ses successeurs. Ce fut une vérité mort-née, qui disparut après lui et que l'humanité ne devait retrouver qu'à la renaissance, après huit siècles de décadence et de nuit de la pensée.

L'explication que donnait Aristarque du mouvement des astres était tellement neuve, tellement contraire aux idées courantes, dit Arago, elle semblait même si contraire aux faits observés que le sens-commun en paraissait blessé. Les esprits philosophiques les plus ouverts hésitaient à l'accepter. Les mathématiciens eux-mêmes s'y refusèrent.

Tant que le système était incomplet, il donnait lieu à de fortes objections. La rotation de la Terre sur elle-même expliquait bien le mouvement diurne; mais l'hypothèse de sa translation autour du Soleil ne résolvait pas tous les problèmes des mouvements des autres astres. On ne pouvait se faire à l'idée que la Terre ne fût pas le centre du monde en voyant tous les corps tomber sur elle. D'ailleurs, si l'on supposait toutes les planètes, tournant, comme elle, autour du Soleil, on se heurtait à la difficulté de rendre compte du mouvement de la Lune qui, bien visiblement, tourne autour de la terre, dans un cercle de plus petit rayon que le cercle apparent décrit par le Soleil, puisqu'elle passe entre ces deux astres à chaque éclipse de Soleil. Car, de cela, on ne doutait plus.

Nul alors, pas même Aristarque, ne paraît avoir eu l'idée du double mouvement de translation de la Lune, qui tourne visiblement en moins d'un mois autour de la Terre, en rétrogradant tous les jours de quarante minutes environ sur son mouvement diurne, mais suit la Terre autour du Soleil dans sa translation annuelle. Les esprits étaient encore trop simplistes dans leurs hypothèses, pour imaginer que le monde pût avoir des centres multiples et que les orbites des astres ne fussent pas tracées sur des sphères régulièrement concentriques.

On chercha donc d'autres explications plus ou moins ingénieuses des mouvements si compliqués des astres sur le ciel.

Selon Ptolémée, ce fut Apollonius de Perge, qui, deux siècles avant notre ère, par conséquent postérieurement à Aristarque, inventa la théorie des épicycles qui résolvait, d'une façon assez élégante, le difficile problème des mouvements apparents des astres.

Nous avons les figures, tracées par Cassini, des courbes compliquées que semblent décrire sur le ciel Mercure et Vénus et des boucles que ces astres tracent autour du Soleil à chacune de leurs révolutions. Les chemins suivis par Mars, Jupiter et Saturne sont des spirales simples.

Cette théorie des épicycles est restée en faveur tant qu'on n'a pas adopté le système de Kopernic, c'est-à-dire jusqu'à Galilée.

Eratosthène, qui vivait 247 ans avant notre ère, put connaître Aristarque, de Samos, mais ne paraît pas avoir adopté ses idées. Il se contenta de mesurer l'obliquité de l'écliptique d'une façon plus précise et tenta de déterminer la mesure de la Terre ainsi que l'aplatissement des pôles. Comme cet aplatissement est une conséquence du mouvement de rotation, il semble qu'on soit autorisé à en conclure qu'il adoptait, en cela, la doctrine d'Aristarque et de l'école italique. Il était convaincu de la rondeur de la Terre, de la possibilité de faire le tour de l'Afrique et d'aller aux Indes par l'ouest. Ce sont les arguments d'Ératosthène qu'invoquait Christophe Colomb, quand il est parti pour son grand voyage et c'est aux Indes qu'il crut être arrivé quand il se heurta à la barrière de l'Amérique.

Hipparque, de Nicée, en Bithynie, le fondateur de la trigonométrie, calcula de nouveau, après Erathosthène, les distances de la Lune et du Soleil. Ce sont là, en effet, les deux bases empiriques de toute l'astronomie. Tous ses efforts ont encore pour but de les déterminer avec plus de précision. Tel est l'objet des observations minutieuses des passages de Vénus sur le Soleil par nos astronomes contemporains.

Dans ses observations, poursuivies à Rhodes, de 188 à 127 avant notre ère, Hipparque constatait que le point équinoxal de printemps avait rétrogradé dans le ciel de tout un signe du Zodiaque depuis le voyage des Argonautes. La durée de la période de précession était ainsi déterminée d'une façon approximative à environ 24.000 ans, supposant l'expédition de Jason accomplie deux mille ans auparavant. Cette période est en réalité de 25.800 ans, ce qui reculerait l'expédition des Argonautes jusqu'à 2.278 ans avant notre ère.

Depuis le temps des premières dynasties memphites, on connaissait, en Egypte, le mouvement de précession; mais si la période en avait été calculée, les travaux des premiers astronomes égyptiens s'étaient probablement perdus dans les nombreuses révolutions de la longue décadence de ce peuple.

Une nouvelle étoile qui surgît du temps d'Hipparque lui donna l'idée de cataloguer toutes celles que l'œil peut découvrir. Ce catalogue, œuvre considérable pour l'époque et pour un seul homme, renfermait deux mille étoiles, dont les situations étaient déterminées avec assez de précision pour que les astronomes modernes aient pu les identifier et même, pour certaines d'entre elles, pour évaluer au moins le sens de leur mouvement propre.

Hipparque divisa ces étoiles en constellations analogues à celles du Zodiaque, leur donna des noms qu'elles ont conservés, et le premier eut l'idée de projeter leurs situations sur une sphère.

Les derniers siècles avant notre ère virent les sciences mathématiques et physiques accomplir de rapides progrès. Ce fut une magnifique floraison de l'esprit humain dans toutes les branches du savoir. Si elle n'eût été tout à coup interrompue, toutes les découvertes modernes auraient pu se produire vingt siècles plus tôt.

C'était, en effet, l'époque où Archimède découvrait la puissance du levier, les propriétés des miroirs ardents, le grand principe de l'hydrostatique, si utile à la marine et qui permet de mesurer les différences de densités des corps (220 ans av. J.-C.).

Héron d'Alexandrie marchait sur les traces du grand ingénieur de Syracuse. Enfin les propriétés de l'ambre, point de départ de toute la science électrique, et celles de l'aimant, fondement du magnétisme, étaient connues.

La conquête de la Sicile par les Romains avait introduit chez eux les sciences exactes, auxquelles les adaptait leur génie, plutôt qu'aux œuvres d'imagination (212 ans av. J.-C.) Une première bibliothèque publique fut fondée à Rome avec des livres apportés de Macédoine. (162 ans av. J.-C.) Malheureusement la destruction de Carthage (146 ans av. J.-C.) avait fait disparaître, avec cette ville, tous les trésors géographiques amassés par ses navigateurs, et l'incendie de la bibliothèque d'Alexandrie, au temps de César, fut une perte encore plus irréparable. Le plus grand nombre des écrits des anciens philosophes grecs et des savants les plus récents y disparurent pour jamais.

La mer Méditerranée, n'ayant que des marées très faibles, ce phénomène avait pu être négligé par les marins qui n'en dépassaient pas les limites ; il en fut autrement quand les vaisseaux phéniciens, carthaginois et grecs pénétrèrent dans l'Atlantique et dans la mer des Indes. 60 ans avant notre ère, Posidonius constatait les rapports de périodicité des marées et des phases de la Lune, et il construisait une sphère imitant le mouvement des planètes.

L'empire romain n'avait pourtant pas alors le monopole des sciences. Vers cette même époque (140 ans av. J.-C.), Lo-hia-hong, mathématicien chinois, construisait une sphère qui, par son mouvement indiquait les heures et Kia-Kouei, du tribunal des mathématiques, en faisait une qui représentait le cours du Soleil dans le Zodiaque.

Cependant, 130 ans avant notre ère, l'année commune, en Grèce, était encore une année lu-

naire de 12 mois de 29 et 30 jours alternativement, ou de 354 jours, avec une bissextile de 13
mois tous les trois ans. Cela ne donnait qu'une
année moyenne de 364 jours.

45 ans avant notre ère, Origène, par ordre de
Jules César, réforma le calendrier romain et fixa
l'année commune à 365 jours, en augmentant
d'un jour chaque quatrième année, qui n'en gar-
da pas moins le nom impropre de bissextile,
comme celle qui, précédemment, revenait deux
fois en six ans. Ce n'était qu'un retour à l'année
solaire des astronomes memphites.

Lorsque, en l'année 149 de notre ère, Ptolémée
publia son grand ouvrage d'astronomie, appelé
depuis, par les Arabes, *Almageste*, il ne fit qu'y
résumer les travaux de ses devanciers, surtout
ceux d'Hipparque et d'Erathosthène, et il en
gâta quelques-uns. Mais il rétrograda sur Aristarque et même sur l'école italique, en laissant
la Terre immobile au centre du monde. Au lieu
de lui reconnaître un mouvement de rotation sur
elle-même, il persista à faire tourner tout le ciel
autour d'elle en un jour. A plus forte raison lui
refusa-t-il un mouvement de translation annuel.
En somme, il ne fit que reproduire le système
d'Aristote, en faisant tourner tous les astres dans
des orbites ayant la Terre pour centre et dont
les rayons allaient croissant, à peu près régulièrement, de la Lune à Vénus, puis à Mercure, au
Soleil, et enfin à Mars, Jupiter et Saturne, jusqu'à la sphère des étoiles fixes. Seules les orbites de la Lune et du Soleil étaient circulaires;
Mercure et Vénus décrivaient des spirales épi-

-cycloïdes compliquées; Mars, Jupiter et Saturne des spirales simples.

Il est faux, pourtant, que Ptolémée se soit déclaré partisan des sphères de cristal d'Aristote. Dans son *Almageste*, loin de se prononcer à ce sujet, il semble clairement considérer les courbes décrites par les astres comme de simples lignes géométriques tracées sur des sphères concentriques, mais sans substratum matériel. Pour quatre siècles, le progrès était mince, mais enfin c'était un progrès. Ce sont les prétendus savants scolastiques du moyen-âge que le culte aveugle d'Aristote ramena à ses sphères cristallines.

Quant aux travaux personnels de Ptolémée en astronomie, ils sont sans valeur.

Ptolémée, en estimant à un degré par siècle le mouvement séculaire des étoiles, se montra bien moins exact que son prédécesseur Hipparque, puisque cette estimation, trop petite, donnait 36.000 ans, au lieu de 24.000, pour la période de la précession des points équinoxiaux. C'était presque 1/3 en trop.

Ptolémée, né en Égypte, était un homme de cette décadence alexandrine chez laquelle devait achever de se corrompre et de s'éteindre le génie de la Grèce, dont il fut un des derniers représentants, déjà bien atténués. Après lui, le mouvement de recul devint de plus en plus rapide. Les imaginations fantastiques du néo-platonisme alexandrin allaient achever de pervertir la raison et de fourvoyer les esprits.

Sur la parole d'un juif, nommé Saul, fabricant de tentes et voyageant pour son commerce, qui,

d'abord ennemi de la petite secte de Jésus, restée circonscrite dans la Judée, en devint tout à
coup l'apôtre fanatique, le monde gréco-latin

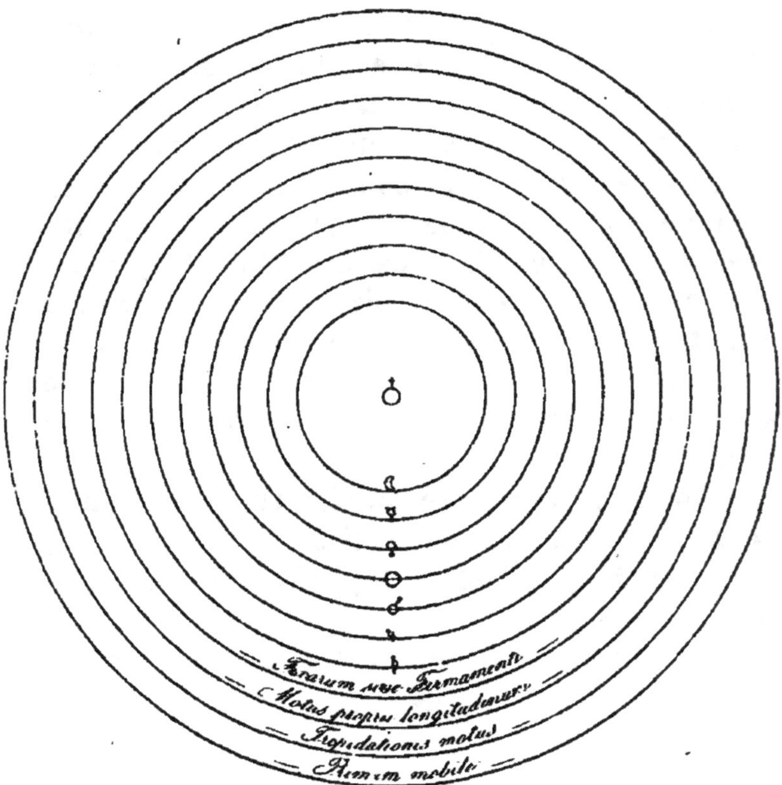

Fig. 1. — Système de Ptolémée.

allait être saisi de la *folie de la Croix*, comme
d'un vertige épidémique, sous lequel toute la
civilisation antique allait s'effondrer. Le mysticisme oriental, propagé par l'école d'Alexandrie,
et qui était déjà un synchrétisme maladroit des
vieilles triades memphites, des mystères des cabi-
res et de la Philosophie de Platon, allait revêtir

d'un appareil métaphysique la foi à la résurrection du rabbi Jésus, présentée comme une preuve de l'immortalité des âmes par saint Paul (*Epîtres*).

Sous l'influence de ces doctrines qui flattaient les esprits de l'espoir d'une vie d'outre-tombe éternellement heureuse et semblaient une renaissance des antiques croyances de l'Egypte, en même temps qu'une vulgarisation des mystères éleusiniens, les maîtres et conquérants du monde antique allaient tomber au niveau de l'Egypte thébaine et des Hindous brahmanistes, mais bien au-dessous des Chinois qui, dans l'extrême orient, alors arrivés à l'apogée de leur évolution intellectuelle, sous les sages institutions de Koung-fou-Tseu, allaient encore progresser pendant mille ans.

Et pendant ce même millénaire, dans tout le monde occidental christianisé, ce fut la nuit, l'oubli de tout ce que l'antiquité avait si péniblement appris.

Toute la science allait être à recommencer.

III

DE KOPERNIC A NEWTON

Le vrai système du monde ne fut donc pas connu des Grecs. Il ne pouvait pas l'être. Des géomètres peuvent en avoir conçu l'hypothèse, mais elle ne pouvait être acceptée de leurs contemporains. Certaines notions ne peuvent naître qu'à la suite d'un ensemble de connaissances qui leur préparent la voie, parce qu'elles en sont les prémisses logiques.

L'idée de la rotation de la terre sur elle-même résolvait de la façon la plus simple le problème du mouvement diurne. Ainsi était supprimée la difficulté de concevoir le mouvement de tout lé ciel autour de notre globe en un jour, difficulté croissante à mesure que sa grandeur était mieux connue. Cependant cette conception géniale ne put être adoptée. C'était une idée prématurée qui dépassait le niveau des intelligences du temps, et froissait trop les habitudes d'esprit. Les lettrés, les rhéteurs grecs, même les plus cultivés de l'époque, ne pouvaient aisément admettre que cette Terre sur laquelle posaient leurs pieds fût mobile, qu'elle les entraînât avec elle dans un mouvement tourbillonnant assez rapide pour leur faire décrire, entre deux levers du Soleil, et sans qu'ils s'en aperçussent, le tour entier de ce monde si grand et qui paraissait si stable en ses fondements. Même après Kopernic, même après Galilée, quand celui-ci eut vu ce que le premier n'avait fait qu'imaginer, n'a-t-il pas fallu plusieurs siècles pour familiariser nos peuples modernes avec cette idée d'un mouvement dont ils n'ont pas le sensation, qui semble démenti par toutes les apparences, contraire à toutes les vraisemblances, à toutes les analogies, et dont un effort d'imagination peut seul se représenter la possibilité.

Le mouvement de translation devait sembler une idée plus folle encore. On pouvait imaginer cette Terre tournant sur elle-même comme une roue, une toupie ; mais qu'elle se déplaçât, qu'elle circulât dans l'espace comme un projectile ; que cette base universelle qui supporte les corps lourds, fût elle-même sans base, sans appui, suspendue dans le vide, cela devait paraître dénué de sens à des hommes qui ne savaient rien sur la nature des autres astres. Ils pouvaient les croire légers, comme ce feu dont ils niaient la pesanteur, parce qu'ils voyaient la flamme s'élever au lieu de tomber comme les autres corps. D'ailleurs si les autres astres ne tombaient pas sur la Terre c'est qu'ils étaient sans doute suspendus à des voûtes solides. D'aucuns, même, pour mieux assurer leur équilibre, les supposèrent roulant entre deux murailles transparentes comme le verre.

Sénèque, au premier siècle de notre ère, exa-

mine les deux hypothèses sans oser se décider
pour l'une d'elles. « Des auteurs ont dit que la
Terre nous entraîne sans que nous nous en apercevions, et que c'est notre mouvement qui produit
les levers et les couchers apparents des astres.
C'est un objet bien digne de nos contemplations
que de savoir si nous avons une demeure paresseuse, ou si, au contraire, elle est douée d'une
exessive vitesse, si Dieu fait tout tourner autour
de nous ou s'il nous fait tourner nous-mêmes ! »

Bacon, lui-même, qui vivait après Kopernic,
mais avant Galilée, n'a jamais voulu croire que
notre globe fût mobile. « Rien n'est plus faux
que toutes ces imaginations, disait-il, à propos
de la théorie des épicycles, si ce n'est le mouvements de la Terre, plus faux encore. »

Dès que le dogme d'une rédemption par un
dieu incarné dans le Christ se fût répandu, ce
fut une raison nouvelle d'écarter l'hypothèse si
ingénieuse d'Aristarque. Aucun père de l'Église
ne pouvait admettre qu'un Dieu, le Dieu de Platon, pas plus que le Jéhovah des Juifs, supposé
créateur du monde, pût venir s'incarner, sous
une forme humaine, dans une petite planète, circulant de guingois autour du Soleil, au même
rang que cinq ou six autres. Evidemment tout
le dogme chrétien était géocentrique, parce qu'il
était éminemment anthropocentrique. Il fallait
que l'homme, image de Dieu, et but final de
toute la création, habitât au centre du monde.
On pouvait encore concilier la rotation de la
terre avec les dogmes chrétiens, non sa translation; et c'est contre cette translation surtout

que protesta l'Église, quand elle interdit les ou-
vrages de Kopernic, brûla Giordano Bruno et
obligea Galilée à signer à genoux sa rétractation.
L'Église eût donc fait bon marché du démenti
donné à Josué quant à sa prétention d'arrêter
le Soleil; elle l'eût expliqué de façon ou d'autre
comme elle le fait maintenant; mais ôter à la
Terre son rang, sa place centrale, son importance prédominante dans l'œuvre créatrice, c'é-
tait saper par la base même toute la doctrine
chrétienne. Si l'Église a fini par accepter le système de Kopernic, c'est quand elle a reconnu
qu'elle ne pouvait plus faire autrement; mais
en se doutant bien que c'était la grande lézarde
à sa doctrine qui la ferait crouler tout entière;
parce que la déchéance de la Terre du centre du
monde, c'est la déchéance de l'homme de la
royauté du monde. Il cesse par cela même d'ê-
tre le but et la cause finale de Dieu.

C'est pourquoi, entre Ptolémée et Kopernic,
du deuxième au seizième siècle de notre ère, ce
fut la stagnation, la nuit. L'esprit humain, arrêté dans son évolution, fut condamné à tourner
sur lui-même, dans les cercles vicieux de la scolastique, sous la surveillance étroite et jalouse
de l'Église, qui prétendait faire de la science la
servante de la théologie : *Ancilla theologiæ*.

L'Europe avait bien reçu des Arabes la logique d'Aristote, mais le reste de son œuvre et
tous les autres auteurs grecs lui restaient incon-
nus. C'est seulement après la prise de Constantinople par les Turcs, en 1453, que des Grecs,
émigrés en Italie, y apportèrent les manuscrits

de leurs grands ancêtres et que l'imprimerie, nouvellement découverte, put en multiplier les exemplaires.

Lorsque, au commencement du seizième siècle, Kopernic, né en 1473 à Thorn, en Pologne, vint en Italie, il put y étudier, dans les premières éditions des Aldes, les diverses opinions des anciens philosophes sur le système du monde. Il put comparer ce qu'en ont dit Sénèque et Cicéron aux opinions d'Aristote et de Platon.

Si Kopernic ne paraît pas avoir connu les idées de son véritable précurseur Aristarque, c'est que Plutarque ne fut pas imprimé par les Aldes. Ses œuvres ne furent éditées qu'en 1572, à Bâle, par Estienne.

Ce furent donc surtout les idées de Philolaüs qui frappèrent l'astronome polonais. Il les soumit au calcul et les développa. Pour en déduire son système, il n'eut qu'à restituer au Soleil, qu'il appelle « le flambeau du monde », la position centrale donnée par Philolaüs à un feu céleste imaginaire, et à faire tourner autour de lui la terre et toutes les planètes. Ce qui appartient en propre à Kopernic, c'est le mouvement de la Lune autour de la Terre.

Il put même déterminer approximativement les rayons relatifs des orbites des planètes d'après leur plus grande élongation, c'est-à-dire d'après leurs distances angulaires maximum du Soleil. Dès lors, l'astronomie rationnelle était fondée sur une base solide et ses progrès allaient devenir rapides.

Cependant, Kopernic ne put encore se dégager complètement de toutes les erreurs de son temps. Il ne renonça pas aux épicycles pour expliquer les variations de vitesse de la terre, de la Lune et des planètes dans leurs orbites, qu'il croyait rigoureusement circulaires et il supposait dans l'obliquité de l'écliptique et dans le mouvement de précession des variations qui n'existent pas.

Selon Kopernic, la Terre, en outre de sa rotation et de sa translation, aurait eu un troisième mouvement, qu'il appelait de déclinaison, et qui aurait eu pour effet de maintenir le parallélisme de son axe de rotation durant sa révolution annuelle le long de son orbite.

Cette fixité de son axe de rotation dans l'espace était un fait d'observation, qui n'avait pas échappé à l'esprit précis de Kopernic. Mais elle ne lui paraissait pas conciliable avec les idées du temps sur le mouvement de révolution d'un corps autour d'un centre et d'après lesquelles la Terre, tournant autour du Soleil, aurait dû garder toujours relativement à lui la même orientation; en sorte que la projection de l'axe de rotation de la Terre sur le ciel aurait dû décrire chaque année ce même mouvement conique qui résulte, en 25 mille ans, du mouvement de précession des équinoxes et que, chaque jour de l'année, l'étoile polaire eût été différente. Il en était autrement, et pour conserver à l'axe terrestre son parallélisme, Kopernic devait imaginer un mouvement de sens contraire.

C'est que Kopernic en restait encore à la conception aristotélique des cieux solides qui avait été celle de tout le moyen-âge. Il supposait que les astres roulaient sur des sphères concentriques de cristal en présentant toujours à leur centre commun les mêmes points de leur surface, comme la pierre d'une fronde présente toujours le même côté au frondeur, ou plutôt comme l'axe de rotation d'une toupie fait toujours le même angle avec la perpendiculaire élevée au centre du cercle qu'elle décrit.

Il fallut les progrès ultérieurs de la mécanique pour reconnaître que le mouvement de translation d'une sphère libre dans l'espace autour d'un centre est indépendant de son mouvement de rotation sur elle-même. Il était réservé à Galilée de démontrer par expérience l'indépendance de ces deux mouvements.

Kopernic, chargé d'enseigner les mathématiques à Rome, s'était lié avec Reggiomontanus, un autre mathématicien astronome. Il dut conférer souvent avec lui de son système qui paraît avoir été achevé vers 1527. Mais la crainte d'encourir les censures de l'Église et de s'exposer aux rigueurs de l'inquisition, lui en fit ajourner la publication. Il ne la commença qu'à son retour dans sa patrie, où il avait obtenu le canonicat de Frauenbourg.

C'est seulement le jour de sa mort, qu'il reçut le premier exemplaire imprimé de son ouvrage, intitulé : *De revolutionibus orbium celestium.* Des Révolutions célestes.

Les craintes de Copernic n'étaient pas vaines.

La première édition de son livre, bien que dédiée au pape Paul V, n'en fut pas moins mise à l'index et détruite en partie par la main du bourreau, sur l'ordre de la très sainte Inquisition. La seconde édition parut à Bâle, en 1556; et les deux suivantes à Amsterdam, en 1617 et 1640.

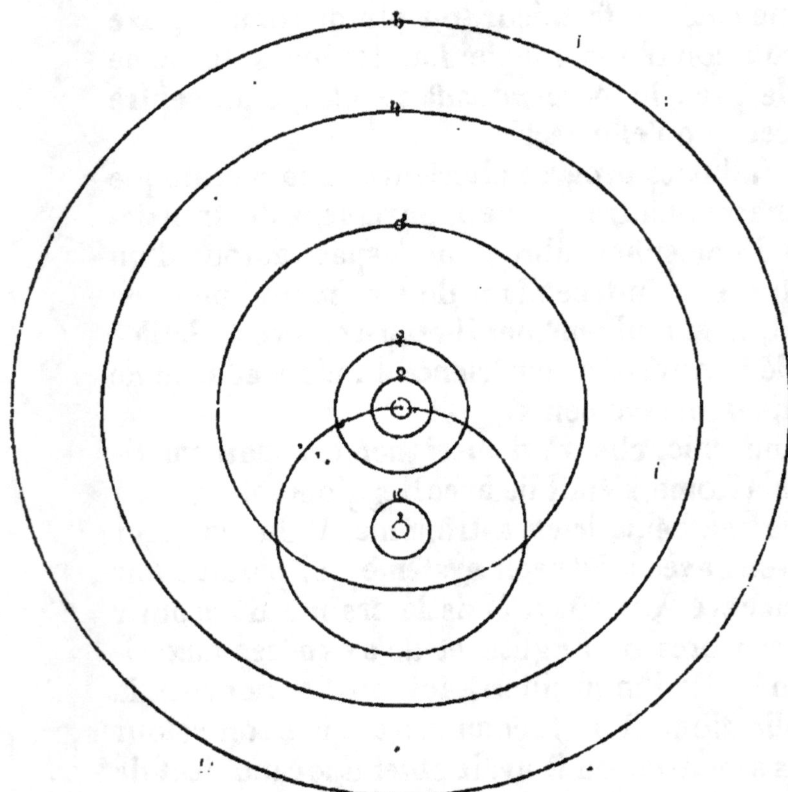

Fig. 2. — Système de Ticho Brahé.

Il n'y aurait pas eu alors de pays protestant en Europe, que nous n'aurions peut-être pas l'œuvre de Kopernic.

Ce fut évidemment pour sauver le système géocentrique, fondement nécessaire des dogmes chrétiens, que le danois Tycho-Brahé (1546-1601) imagina son système bâtard, qui plaçait la Terre immobile au centre du monde, faisait tourner autour d'elle la Lune et le Soleil dans deux orbites concentriques. Quant aux cinq autres planètes : Mercure, Vénus, Mars, Jupiter et Saturne, il les faisait tourner dans cinq orbites concentriques au Soleil qui circulait lui-même autour de la Terre en entraînant son cortège planétaire (Arago, *Astronomie populaire*, vol. 2, page 250).

Ticho-Brahé ne paraît pas s'être exprimé avec toute la clarté désirable ; car certains auteurs ont interprété autrement sa doctrine, lui faisant dire que les orbites de la Lune, du Soleil et des trois planètes supérieures, étant concentriques à la Terre immobile, seules les petites planètes inférieures, Mercure et Vénus, circulaient autour du Soleil, comme le fait la Lune autour de la Terre.

L'une ou l'autre hypothèse ne débarrassait pas le système des épicycles, et des variations de mouvement, sinon des rétrogradations apparentes des astres. De plus Tycho-Brahé pensait que les étoiles étaient très près de l'orbite de Saturne. Il jugeait absurde de croire à des espaces vides de planètes et d'étoiles, identifiant ainsi celles-ci avec celles-là. C'était toujours la préoccupation des causes finales et d'une perfection symétrique du monde, telle que pouvaient l'imaginer *a priori* de petits êtres humains, placés pour l'observer dans un des coins excentriques du système solaire.

Il appartient à Képler (1671-1630), né à Magstatt, dans le Wurtemberg, et professeur à Gratz, en Styrie, d'avoir finalement donné (1618) une forme mathématique au système de Kopernic par l'énoncé des trois lois qui règlent les mouvements de tous les astres et qui, déjà, renfermaient incluse la théorie de Newton sur les forces centrales.

D'après la première de ces lois, *les orbites des planètes sont des ellipses dont le Soleil occupe un des foyers.*

Par là, Képler détruisait le vieux dogme scolastique du mouvement circulaire des astres. Il en résultait que l'astre en mouvement n'était pas toujours à la même distance de son astre central, et que la variation de cette distance était égale à deux fois l'excentricité de l'ellipse.

La variation de vitesse des astres dans leur orbite provient de ce qu'ils marchent plus vite, quand ils sont plus près de leur astre central et plus lentement quand ils en sont plus loin. C'était une conséquence de la loi de la gravitation universelle que Képler constatait déjà par l'observation et le calcul, mais sans pouvoir l'expliquer, dans l'énoncé de la seconde loi ainsi formulée:

Les droites menées successivement de l'astre central à l'astre mobile étant les rayons vecteurs de l'ellipse qu'il parcourt, *les aires décrites,* sur le plan de cette ellipse, *par ses rayons vecteurs sont proportionnelles aux temps employés à les décrire.*

Par sa troisième loi, Képler établissait enfin entre les distances des planètes aux centres de leurs mouvements et les durées de leurs révolutions, cette loi élégante :

Les carrés des temps des révolutions sont proportionnels aux cubes des grands axes des orbites.

Ces trois lois sont les réels fondements de l'astronomie mathématique. La théorie de Newton est venue la confirmer en établissant la nécessité de ces relations, déduites par Képler de la seule observation des mouvements.

Après cette découverte géniale, on peut pardonner à Képler ses rêveries sur les anges qui guidaient les astres dans leurs routes elliptiques et qui dotaient d'attraction l'une de leurs faces et l'autre de répulsion. Chez des hommes qui sortaient à peine de la sombre hallucination du moyen-âge, il faut excuser un reste de folie.

Un des premiers disciples de Kopernic, et l'un des plus éminents, fut Giordano Bruno. — Né en 1556, il fut le contemporain de Ticho-Brahé et de Képler. Affranchi à trente ans des langes théologiques, la doctrine philosophique si remarquable qu'il créa, est sortie tout entière, par déduction, des principes du système de Kopernic. Mais ces principes, il les développa, et allant plus loin que son maître, il fut le précurseur de l'astronomie moderne. Dans son livre, écrit en Italie, *Dell' infinito universo e mondi* (1584), il anticipa les découvertes de Herschell et de Leverrier, en supposant qu'il y avait dans notre système plus de planètes qu'on n'en peut voir, parce que leur petitesse ou leur éloignement les dérobe à nos regards. S'élevant jusqu'aux conceptions grandioses de l'astronomie stellaire contemporaine, Bruno voyait dans chaque étoile un soleil, autour duquel circulaient des mondes comme le nôtre. Affirmant, après les Ioniens et avant Spinoza, l'unité de principe du monde, il reprenait les idées de Démocrite sur les atomes et leurs figures, et se montrait le précurseur des chimistes modernes.

Giordano Bruno sema ces idées dans toute l'Europe qu'il parcourut, osant attaquer Aristote à Paris en pleine Sorbonne. Inquiété et contredit par tous les clercs et chats-fourrés scandalisés de la scolastique, pourchassé par leurs rancunes, il eut la malheureuse idée de retourner en Italie. Arrêté à Venise par l'Inquisition, il fut condamné au bûcher pour avoir osé soulever le voile de la vérité (1600).

Cependant, Galilée était né (1564). Quelques années après le martyre de Giordano Bruno (1609), il allait voir au miroir de son télescope ce que Kopernic avait induit du calcul. Il constatait les phases de Vénus, celles de Jupiter, analogues à celles de notre Lune. Il découvrait les satellites de Jupiter, et, constatant leurs mouvements autour de leur planète, il les voyait reproduire en petit une image du monde solaire. La translation de notre Terre autour du Soleil se trouvait pleinement démontrée, avec la multiplicité des centres de mouvement de notre système. De plus, Galilée, en observant le Soleil, découvrait le premier les taches qui circulent dans sa région équatoriale, et de leur déplace-

ment régulier il inférait la rotation du Soleil lui-
même.

Le doute n'était plus possible : Kopernic avait
raison. Mais le supplice de Giordano Bruno montrait qu'il était dangereux de le dire. Déjà étant
professeur à Pise, sa patrie, Galilée avait été inquiété pour ses hardiesses et avait dû résigner
sa chaire (1592). Il alla enseigner à Padoue,
puis à Florence. Une première fois, en 1615,
il fut mandé à Rome. Jusque-là il avait enseigné, mais n'avait pas écrit. Il apaisa ses juges
en promettant de se montrer docile et circons-
pect. Cet esprit, en enfantement de vérités, ne
pouvait pourtant se résigner à les taire. En 1631,
il publia à Florence ses *Dialogues sur les systèmes du monde de Ptolémée et de Kopernic*, où
il affirmait le double mouvement de la Terre...
L'ouvrage, mis à l'index, fut déféré au tribunal
ecclésiastique. Galilée, une fois encore, dut se
présenter au Tribunal du Saint-Office. Il fut jugé,
emprisonné et condamné à prononcer publique-
ment et à genoux cette humiliante rétraction :

Moi, Galiléo Galiléi, fils de feu Vincent Galiléo, Florentin,
âgé de soixante-dix ans, constitué personnellement en jugement,
et agenouillé devant vous, éminentissimes et révérendissimes
cardinaux de la république universelle chrétienne, inquisiteurs
généraux contre la malice hérétique, ayant devant les yeux les
saints et sacrés Evangiles que je touche de mes propres mains ;
je jure que j'ai toujours cru et que je crois maintenant, et que,
Dieu aidant, je croirai à l'avenir, tout ce que tient, prêche et
enseigne la sainte Eglise catholique, apostolique et romaine ;
mais parce que ce Saint-Office m'avait juridiquement enjoint d'a-
bandonner entièrement la fausse opinion qui tient le Soleil pour
le centre du monde et qu'il est immobile ; que la Terre n'est
pas le centre, et qu'elle se meut ; et parce que je ne pouvais la
tenir, la défendre, ni l'enseigner d'une manière quelconque, de

voix ou par écrit, et après qu'il m'avait été déclaré que la susdite doctrine était contraire à la Sainte-Ecriture, j'ai écrit et fait
imprimer un livre dans lequel je traite cette doctrine condamnée
et j'apporte des raisons d'une grande efficacité en faveur de cette
doctrine, sans y joindre aucune solution ; c'est pourquoi j'ai été
jugé véhémentement suspect d'hérésie pour avoir tenu et cru
que le Soleil était le centre du monde et immobile, et que la
Terre n'était pas le centre et qu'elle se mouvait. C'est pourquoi,
voulant effacer des esprits de vos éminences et de tout chrétien-
catholique cette suspicion véhémente conçue contre moi avec
raison, d'un cœur sincère et d'une foi non feinte, j'abjure, mau-
dis et déteste les susdites erreurs et hérésies, et généralement
toute erreur quelconque et secte contraire à la susdite sainte
Eglise ; et je jure qu'à l'avenir je ne dirai ou affirmerai de vive
voix ou par écrit rien qui puisse autoriser contre moi de semblables soupçons : et si je connais quelque hérétique ou suspect
d'hérésie, je le dénoncerai à ce Saint-Office ou à l'inquisitoire
ou à l'ordinaire du lieu dans lequel je serai. Je jure, en outre,
et je promets que je remplirai toutes les pénitences qui me sont
imposées ou qui me seront imposées par ce Saint-Office; que s'il
m'arrive d'aller contre quelques-unes de mes paroles, de mes pro-
messes, protestations et serments, ce que Dieu veuille bien détour-
ner, je me soumets à toutes les peines et supplices qui, par les
saints canons et autres constitutions générales et particulières,
ont été statués et promulgués contre de tels délinquants. Ainsi
Dieu me soit en aide et ses saints-évangiles, que je touche de
mes propres mains.

Moi, Galiléo Galilei susdit, j'ai abjuré, et promis et me suis
obligé, comme dessus, en foi de quoi, j'ai, de ma propre main,
souscrit le présent chirographe de mon abjuration et l'ai récité
mot à mot, à Rome, dans le couvent de Minerve, ce 22 juin
1633.

Moi, Galiléo Galilei, j'ai abjuré comme dessus de ma propre
main.

De par l'autorité de la sainte Eglise, il était
donc défendu à la Terre de se mouvoir et de
tourner autour du Soleil. Galilée se tut, mais il
en mourut (1642).

IV

NEWTON ET LA GRAVITATION UNIVERSELLE

En cette même année 1642, Newton naissait en Angleterre.

Il avait vingt-quatre ans lorsqu'il eut la première idée de son système. Il y travailla toute sa vie, « en y pensant toujours, » comme il l'a dit lui-même. Dès 1665, il trouvait les principes de son calcul des fluxions qui devait lui permettre la démonstration de ses hypothèses. Leibnitz, indépendamment de lui, mais dix ans plus tard, faisait la même découverte, sous le nom de calcul infinitésimal qui a prévalu.

Cependant, ce ne fut qu'en 1687 que Newton publia ses *Principes mathématiques de la Philosophie naturelle* que Mme Du Châtelet traduisit en français, sur la troisième édition, en 1759. Newton était mort en 1727.

Toute la doctrine de la gravitation universelle se résume en une loi d'une magnifique simplicité :

Tous les corps gravitent les uns vers les autres en raison directe de leurs masses et inverse des carrés de leurs distances.

Cette loi est-elle démontrée tout entière?

Elle est complexe et comprend deux rapports indépendants. Le rapport direct des masses et le rapport inverse des carrés des distances.

La gravitation réciproque des corps en raison inverse des carrés de leurs distances est démontrée par tous les faits observés : on ne lui connaît pas d'exception, du moins parmi les masses sidérales; mais c'est aussi la seule qui soit vérifiable.

Quant à la gravitation en raison directe des masses, c'est jusqu'ici une hypothèse très séduisante par sa simplicité; mais elle tourne dans un cercle vicieux, si par là on entend dire que les masses sont, par elles-mêmes, la cause de leur gravitation réciproque.

Ce qui est donné par l'observation, ce sont les distances et les accélérations, c'est-à-dire l'accroissement constant de la vitesse acquise dans l'unité de temps par un corps dans sa chute vers l'autre.

Or, c'est un principe général de mécanique que les accélérations communiquées, dans l'unité de temps, à diverses masses par des forces constantes égales sont en raison inverse de ces masses.

Réciproquement, les accélérations communiquées à des masses égales par diverses forces constantes sont directement proportionnelles à ces forces.

Si l'on représente par f la force constante, de nature inconnue, qui produit la gravitation d'une masse m vers une autre masse M, la force totale

F, qui mettra le corps m en mouvement, aura pour mesure le produit de la force f, multiplié par le produit des masses mM, et divisé par le carré de leur distance d^2. Soit $F = \dfrac{fMm}{d^2}$.

D'où il suit que la mesure de l'accélération du corps m sera le rapport de cette force F à la masse m.

Soit : $\dfrac{F}{m} = \dfrac{fM}{d^2}$.

Si M et m représentent les masses du Soleil et de la Terre, d leur distance, l'accélération de la chute de la Terre vers le Soleil sera

$$\gamma_i = \frac{fMm}{d^2 m} = \frac{fM}{d^2}.$$

Réciproquement, la chute du Soleil vers la Terre aura pour mesure ce même produit, Mm, des deux masses du Soleil et de la Terre multipliant la force f et divisé par le produit de la masse du Soleil M, et du carré de la distance d du Soleil à la Terre.

Soit $\gamma_s = \dfrac{fMm}{d^2 M} = \dfrac{fm}{d^2}$.

De ces deux équations prises isolément nous ne pouvons rien tirer, puisque nous ne connaissons ni la force f ni les masses M et m; mais on en tire le rapport des accélérations de la Terre vers le Soleil et du Soleil vers la Terre, inverse de celui de leurs masses.

$$\frac{\gamma_t}{\gamma_s} = \frac{\dfrac{fMm}{d^2 m}}{\dfrac{fMm}{d^2 M}} = \frac{M}{m} = 324439$$

La valeur de ce rapport, qui n'est pas fourni par la formule, mais bien par l'observation, devient ainsi le rapport inverse des masses supposées des deux astres.

Connaissant, d'autre côté, par l'observation, les diamètres du Soleil et de la Terre, et leurs distances, par conséquent leur volume, en multipliant la valeur 324.439 par le rapport des cubes des rayons de la Terre et du Soleil, on obtient le rapport de la densité du Soleil à la densité de la Terre :

$$\frac{324439 \; r^3}{R^3_s} = \frac{\delta_t}{\delta_s}$$

Mais ne connaissant pas les valeurs absolues de ces deux densités par rapport aux densités connues de nos corps terrestres, nous n'en pouvons pas conclure les masses des deux astres, exprimées par nos unités métriques.

Telles sont les formules de Newton, et ce qu'on peut en déduire.

Nous ne déduisons donc pas la chute réciproque des astres de leurs masses et de leurs distances, comme la formule de Newton semblerait le faire croire; nous induisons ces masses de leur chute, dont les variations nous sont données par les lois de Képler. Nous connaissons directement par l'observation, à plusieurs centaines de kilomètres près, la distance du Soleil à la Terre. Les dernières observations des passages de Vénus ont permis de la fixer, en moyenne, à 148.491.880 kilomètres.

Cette distance varie de 146.008.000 kilomètres au périhélie, vers le 1er janvier, à 150.972.000 kilomètres à l'aphélie, vers le 1er juillet. De cette distance moyenne, prise pour unité, nous partons pour mesurer celle de tous les autres astres entre eux ou entre eux et le Soleil. Des durées observées de leurs révolutions, des variations de leurs distances, de la quantité de chemin dont ils s'éloignent de la tangente de leur orbite dans l'unité de temps, par des formules compliquées, on déduit leur chute vers le foyer de leur ellipse; c'est-à-dire leur accélération, sous l'influence de la pesanteur, dont la nature nous reste inconnue. Le calcul seul nous permet de conclure qu'elle agit proportionnellement aux masses et en raison inverse des carrés des distances. Quant à la valeur absolue de ces masses, elle nous échappe; nous n'avons aucun moyen direct ni même indirect de la connaître, et c'est seulement de leurs mouvements que nous déduisons leurs rapports.

Supposant le Soleil immobile, ou du moins prenant pour unité son accélération presque insensible vers les diverses planètes du système, nous constatons que l'accélération de la Terre vers lui est représentée par cette valeur 324439.

De même l'accélération de Jupiter est représentée par la valeur 1047,2. Ainsi de toutes les autres.

Nous en concluons que la masse du Soleil est 324.439 fois plus forte que celle de la Terre, et seulement 1047,2 fois celle de Jupiter.

Mais ces assertions, conclues du calcul, nous n'avons aucun moyen de les vérifier. Nous les déduisons de l'hypothèse énoncée dans la formule : c'est-à-dire que la force totale qui fait tomber la Terre vers le Soleil est égale à celle qui fait tomber le Soleil vers la Terre, puisque, dans les deux cas, elle est égale au produit des masses de ces deux corps. Cette égalité des deux faisceaux de forces qui meuvent les deux corps est la condition même de l'hypothèse, puisque c'est la condition du rapport inverse des masses aux accélérations.

Mais la mesure absolue de ces forces nous échappe aussi bien que leur nature.

Car si la force constante inconnue, f et M, était multipliée, non par le produit des masses m, mais par le produit de fractions ou de multiples quelconques de ces masses, pourvu que ce coefficient fût constant, le résultat ne serait pas changé.

Entre les accélérations de la terre et de Jupiter vers le Soleil, aux distances d et d, on a

$$\frac{\gamma^t}{\gamma^j} = \frac{\dfrac{M\ m_t}{d^{t2}\ m_t}}{\dfrac{M\ m_j}{d_j^2\ m_j}} = \frac{d_j^2}{d_t^2}$$

Ce dernier rapport montre que ces deux corps gravitent vers le soleil avec des accélérations en raison inverse des carrés de leurs distances à cet astre quelles que soient les différences de leurs masses, puisque leurs masses, comme celle du Soleil, sont éliminées de la formule.

D'où il suit que la terre tombe un peu plus de 27 fois plus vite vers le Soleil que Jupiter.

Dans cette équation, comme dans les précédentes, les masses du Soleil, de la Terre et de Jupiter, pourraient être multipliées ou divisées par n'importe quel facteur commun, que le rapport final resterait le même.

Comme ces accélérations sont données par l'observation, nous pourrions seulement en conclure que les masses sont, soit plus grandes, soit plus petites, relativement à la valeur de ces accélérations données, selon la valeur du coefficient qui les divise ou les multiplie. Quant à la valeur de ce coefficient, nous n'avons pas le moyen de la connaître.

Les volumes des astres étant connus, relativement à nos unités métriques, ce sont leurs densités que nous n'avons pas le moyen de déterminer. Toutes les tentatives, faites à cet égard, telles que celle de Cavendish, devenue populaire, ne prouvent pas, parce qu'elles sont sujettes aux mêmes doutes, et que le processus de la chute des corps à la surface des planètes, dans la direction de leur centre, peut n'être pas identique à celui qui fait graviter les astres les uns vers les autres, dans l'éther intercosmique.

La formule de Newton nous permet donc seulement, en partant de l'observation des mouvements et des distances, d'en conclure les rapports des masses, et c'est beaucoup.

Mais en résulte-t-il que les masses soient la cause déterminante et directe de leur gravitation? En pouvons-nous tirer quelque lumière sur la nature de cette force f que multiplie le produit des masses? Nullement.

C'est un principe fondamental de mécanique générale que des masses ne peuvent être cause du mouvement, même au contact, sans se mouvoir elles-mêmes. A plus forte raison, ne peuvent-elles agir à distance comme forces motrices.

Mais il se peut que les corps gravitent en raison directe, non de leurs masses, mais d'une propriété acquise de ces masses, telle que leur température, leur état lumineux, électrique ou magnétique, ou de toute autre forme de l'énergie cosmique qui leur serait quantitativement proportionnelle.

On peut supposer, par exemple, que les températures des astres, ou, plutôt, leur puissance de rayonnement soit proportionnelle à leur masse, et que, par un mécanisme que nous ne pouvons discuter ici, leur chute mutuelle dans l'éther inter-cosmique, dilaté par leur rayonnement, soit en raison de cette dilatation. Dans cette hypothèse, leur pouvoir calorifique serait la cause directe de leur gravitation, dont leur masse ne serait que la cause médiate et indirecte.

Les principes de la mécanique seraient saufs.

Le pouvoir calorifique du soleil étant C et celui de la terre c, en vertu de la proportion.

$$C : c :: M : m$$

on aurait la proportion :

$$\frac{C}{d^2}\frac{c}{m_{\scriptscriptstyle T}} \;:\; \frac{Mm}{d^2 m_{\scriptscriptstyle T}} \;::\; \frac{Cc}{d^2 M} \;:\; \frac{Mm}{d^2 M}.$$

d'où résulterait le rapport des accélérations :

$$\frac{Y_{\scriptscriptstyle T}}{Y_{\scriptscriptstyle s}} = \frac{\dfrac{Cc}{d^2 m_{\scriptscriptstyle T}}}{\dfrac{C.c}{d^2 M}} = \frac{M}{m_{\scriptscriptstyle T}} = 324.439;$$

parce que le produit Cc, quel que soit son rapport avec le produit Mm, étant commun aux deux termes, en est éliminé. En sorte que les deux corps M et m graviteraient l'un vers l'autre en raison du produit de leur pouvoir calorifique, proportionnel, mais non pas égal, au produit de leurs masses.

Il n'en résulterait donc pas que $M = C$ et que $m = c$, mais seulement la constance du rapport de chaque masse à son pouvoir calorifique, dont la valeur absolue nous reste inconnue, comme celle des masses elles-mêmes.

Nous pourrions donc conclure de cette hypothèse que le pouvoir rayonnant du Soleil est 324.439 fois celui de la Terre et seulement 1047,2 fois celui de Jupiter ; que les masses de ces corps sont dans les mêmes rapports, mais peuvent être, soit très grandes, soit très petites, relativement à la somme des calories qu'elles rayonnent les unes vers les autres et qui les fait graviter les unes vers les autres avec des accélérations inversement proportionnelles.

Cependant, on ne peut poser des limites à l'avenir de la science. Il se peut qu'un jour ce rapport des masses sidérales à leur puissance calorifique soit déterminé par le seul calcul. La solution du problème paraît possible ; mais les limites de ce résumé de la science astronomique ne nous permettent pas de la discuter (1).

Jusqu'à présent, je n'ai parlé que de *gravitation*, et non d'*attraction*.

C'est que la gravitation est le fait ; l'attraction n'est qu'une hypothèse explicative. Si le fait de la gravitation est évident, démontré, par l'observation et l'expérience, l'attraction s'exerçant à distance, à travers le vide, est une supposition contre laquelle ont protesté tous les mathématiciens et géomètres, depuis Leibnitz et les Bernouilli, jusqu'à nos jours. De l'aveu de Newton, lui-même, l'hypothèse d'une attraction à distance, de la matière pour la matière, est contraire à tous les principes élémentaires de la mécanique. A maintes reprises, dans les éditions successives de ses *Principes* comme dans ses lettres à Bentley et à Clarke, il a protesté qu'il n'avait employé le mot d'attraction que comme une expression métaphorique pour exprimer la force inconnue qui fait graviter les corps. « Tout se passe, dit-il, comme si les corps s'attiraient en raison directe de leurs masses et inverse des carrés de leurs distances. » Mais il confesse et proclame qu'il est

______

(1) Consulter sur cette question ma *Constitution du monde* (VI° partie), 1 vol. in-8, Schleicher frères, Paris.

impossible qu'ils s'attirent en réalité; que, d'ailleurs, des forces agissant par pression des circonférences aux centres produiraient exactement les mêmes effets que des attractions agissant des centres aux circonférences.

Aujourd'hui cette question est vidée. On parle encore de l'attraction aux écoliers, et c'est un tort; aucun professeur n'y croit plus. L'attraction reste une expression littéraire, mais elle n'a plus le caractère scientifique.

Sinon en France, où les spéculations théoriques sont dédaignées et presque proscrites, du moins à l'étranger et jusqu'à l'observatoire romain, où pour le moment, l'on tient à se montrer libéral scientifiquement, de grands esprits ont cherché de nouvelles explications du phénomène de la chute des corps les uns vers les autres, sans que nul d'entre eux ait jusqu'à présent réussi à fournir une théorie acceptable. Mais pour tous, comme pour l'américain Stallo(1), qui a discuté toutes les nouvelles explications de la gravitation, comme pour le père Secchi, qui a proposé d'en revenir aux tourbillons cartésiens(2), ainsi que l'a si nettement dit l'abbé Moigno, « ce qui est certain, c'est que les corps ne s'attirent pas ». S'ils s'attiraient, ce serait un miracle perpétuel, contraire à tous les procédés connus de la nature.

Si les corps s'attiraient, en effet, en raison directe de leurs masses et inverse des carrés de

---

(1) *La matière dans la Physique moderne*, par Stallo, in-8, Bibliothèque internationale, Alcan, Paris.

(t) *De l'unité des forces physiques* par Secchi, traduit en français, in-18, Paris, Sang.

leurs distances, toute masse étant nécessairement une quantité positive et concrète, quelque petite qu'on la suppose au-dessus de l'unité, quand deux masses arrivent au contact, leur attraction serait infinie ; on ne pourrait plus les séparer. Il nous serait impossible de soulever un corps quelconque, dès qu'il aurait touché le sol, et nos pieds y resteraient cloués.

Les corps ne s'attirent donc pas. S'ils gravitent les uns vers les autres, avec des accélérations qui varient en raison inverse des carrés de leurs distances et directe d'une certaine force de nature inconnue proportionnelle à leur masse, il n'est nullement prouvé que cette force soit cette masse elle-même ou lui soit égale, puisque cette masse nous ne la connaissons pas. Tout ce que nous en pouvons dire, c'est que cette force est proportionnelle aux masses qu'elle meut, et aux accélérations qu'elle leur imprime ; mais c'est là une loi générale de la mécanique. Il en doit être ainsi ; seulement nous ne savons pas encore comment il se fait qu'il en soit ainsi.

Il est une conséquence de l'hypothèse de l'attraction qui la détruit, en aboutissant à une contradiction.

Newton a démontré, dans un très beau théorème, que, supposant l'attraction en raison directe des masses et inverse des carrés de leurs distances, dans une sphère creuse, de densité homogène, ayant l'unité d'épaisseur, aucun de ses points n'est sollicité à tomber au centre.

Or toute sphère pouvant être considérée comme constituée par un nombre de ces sphères proportionnel à son rayon total, il s'en suit qu'aucun point de l'une de ces sphères ne subit l'action de toutes les masses des sphères superposées, mais seulement de toutes les masses des sphères sous-jacentes, considérées comme réunies à leur centre commun.

Par conséquent, dans toute sphère pleine, de densité homogène, la pesanteur à la surface serait proportionnelle à sa masse divisée par sa surface, c'est à-dire égale au tiers du produit de sa densité par son rayon; mais à partir de sa surface, jusqu'à son centre, elle diminuerait comme la distance à ce centre où elle serait nulle.

Il résulterait donc de cette très belle démonstration de Newton, d'une entière évidence, une fois sa formule admise, qu'au centre des astres, quelles que fussent leurs masses, la pesanteur étant nulle, les corps les plus denses, n'ayant plus de poids, y deviendraient plus légers que les corps les moins denses à la surface. Ainsi un décimètre cube d'or, par exemple, qui pèse autant que dix-neuf litres d'eau à la surface de la Terre, s'il était à son centre ne pèserait plus rien, et cependant, supporterait la pression de toute la masse superposée de la terre. De telle sorte que la pesanteur diminuant régulièrement comme les distances au centre, les pressions augmente-raient en raison inverse de ces distances : sui-vant une progression plus rapide que les carrés des distances à la surface. De sorte que moins les corps tomberaient d'eux-mêmes au centre, plus ils y seraient poussés énergiquement.

Ce serait l'effet d'une pompe foulante. Les

corps, devenus plus légers et ainsi repoussés, devraient tendre à remonter à la surface ; mais comme, en remontant, ils redeviendraient plus lourds, on ne voit plus quelle sorte d'équilibre pourrait s'établir.

Il y a dans cette conclusion une contradiction qui équivaut à une réduction à l'absurde de l'hypothèse d'une attraction des masses par les masses (1).

(1) Dans une sphère de densité moyenne constante, supposée égale à l'unité, la masse de chacune des sphères creuses concentriques, sur l'unité d'épaisseur, qui la constituent, a pour mesure la différence des cubes de son rayon extérieur r et de son rayon intérieur $r - 1$ multiplié par quatre tiers du rapport de la circonférence au diamètre, ou à quatre fois ce rapport multiplié par le produit de son rayon extérieur et de son rayon intérieur, augmenté de l'unité.

Soit $M = \dfrac{4\pi}{3} \; r^3 - (r - 1)^3 = 4\pi \; (r.\,r - 1 + 1)$.

Si la pesanteur était supposée constante, comme la densité moyenne, sur tous les points de cette sphère, la pression sur un point d de son rayon aurait pour mesure un tiers de la différence du cube du rayon R de la sphère et du cube de la distance d de son centre, divisée par le carré de cette distance.

Soit : $\dfrac{1}{3} \dfrac{R^3 - d^3}{d^2}$.

Si, au contraire, la pesanteur est supposée augmenter dans cette sphère en raison inverse des carrés des distances à son centre, le poids de chacune de ses sphères creuses concentriques, sur l'unité d'épaisseur, est constant, car il a pour mesure

$$P = 4\pi \; (r.\,r - 1 + 1). \; \frac{R^2}{(r.\,r - 1)} = 4\pi \; R^2. + 1$$

Le poids de chaque sphère creuse, sur l'unité d'épaisseur, devient donc égal à la surface totale de la sphère de rayon R.

Ce résultat se déduit logiquement de ce que la pesanteur, variant en raison inverse du carré des distances au centre, varie exactement en raison inverse des volumes de chaque sphère creuse concentrique, sur l'unité d'épaisseur.

Il s'en suit que le poids total de cette sphère devient égal à trois fois sa masse, supposée de densité égale à l'unité, ou à

Newton n'a inventé ni le mot, ni l'hypothèse de l'attraction. Il a pu emprunter l'une et l'autre d'Aristote, qui considérait tous les corps comme *attirés* au centre de la Terre. C'est ce qui a servi

trois fois son, volume; puisque ce poids est égal à celui d'une de ses sphères creuses, multiplié par leur nombre, c'est à dire par le rayon de la sphère totale.

$$\text{Soit} : P = 4\pi\, R^2.\; R. = 3\left(\frac{4\pi.}{3}\, R^3\right).$$

Il en résulterait que la pression sur un point d du rayon serait égale à la somme des poids des sphères creuses sus-jacentes, divisée par la surface de la sphère de rayon d.

$$\text{Soit} : \frac{4\pi\, R^2\, R - d}{4\pi\, d^2} = \frac{R^2\, (R - d)}{d^2}.$$

Enfin, au centre même de la sphère, la pression serait égale à son poids total.

Soit : $4\,\pi\, R^2$.

La surface sous jacente devenant nulle, et la différence $R - d$ devenant $R - o$ ou devenant égale au rayon R.

Il y a toute probabilité que ces rapports si simp'es sont réalisés dans les sphères sidérales.

Si, au contraire, dans une sphère de rayon R, la pesanteur diminuait comme la distance au centre, ainsi qu'il devrait résulter du théorème déduit par Newton de l'hypothèse de l'attraction des masses en raison inverse des carrés des distances, le poids de chaque sphère creuse concentrique, sur l'unité d'épaisseur, et la pression sur les divers points du rayon varieraient selon des formules compliquées.

Le poids de chaque sphère creuse deviendrait :

$$P = 4\pi\, (r\,(r-1) + 1). \frac{(r - (r - 1) + 1)^{1/2}}{R} =$$

$$\frac{4\,\pi\,(r.\,(r - 1) + 1)^{3/2}}{R},$$

Le résultat le plus curieux de cette hypothèse, évidemment fausse, c'est que le poids total de la sphère et sa pression exercée sur son propre centre, seraient inférieurs à sa masse totale, ce qui lui donnerait un poids spécifique moyen inférieur à sa densité moyenne.

De telles lois semblent contraire à toutes les analogies.

(Voy. Ma *Constitution du Monde*, VIe partie, chap. LXXVI et LXXXIII).

de fondement à l'hypothèse géocentrique. Képler lui-même a supposé l'existence, entre les astres, d'attraction et de répulsion ; Hooker, compatriote de Newton et son rival, a émis, avant lui, l'idée d'une attraction universelle entre les astres, mais sans en exprimer la loi. Galilée avait déduit de l'expérience la loi de la chute des corps à la surface de la Terre, constaté que les vitesses croissent proportionnellement aux temps, et les espaces parcourus comme les carrés des temps, d'où il suivait que la force qui les fait tomber est une force constante et qu'elle est dirigée vers le centre de la Terre. Le mérite de Newton est d'avoir formulé la loi de la gravitation en raison inverse des carrés des distances et directe des masses, en établissant sa réciprocité entre tous les corps de l'univers. Cette loi pouvait se déduire des lois de Képler qui n'en eut pas même l'idée. C'est donc seulement dans la formule de la gravitation que consiste la découverte de Newton, et elle suffit à sa gloire. Le seul reproche qu'on peut lui faire, c'est d'avoir subi l'influence de ses devanciers, et surtout, l'influence de la vieille hypothèse géocentrique, en supposant que la force qu'il a bien nommée *centripète*, en opposition avec la force *centrifuge*, agit sur les corps comme une *attraction* de leur centre à leur circonférence au lieu d'agir comme une *pression* de la circonférence au centre.

V

LE SYSTÈME SOLAIRE

L'hypothèse de Kopernic confirmée par Galilée, les lois de Képler et la formule fondamentale de Newton, surtout ses nouveaux procédés de calcul, identiques à ceux de Leibnitz, qui fournissaient un instrument nouveau d'analyse pour les séries de valeurs à variations infinitésimales, donnèrent une impulsion nouvelle à l'astronomie. Tous les grands mathématiciens du dix-huitième siècle y travaillèrent.

On rectifia les mesures de la terre en mesurant plusieurs grands arcs du méridien terrestre, afin d'obtenir, par la détermination du rayon de la terre, une unité de mesure fondamentale des grandeurs astronomiques.

Pour déterminer la distance de la Terre au Soleil, on observa surtout les passages de Vénus sur le Soleil, malheureusement assez rares, et ceux de Mercure, plus fréquents, mais d'une observation plus difficile et moins probante. On accumula des observations plus précises sur les irrégularités ou perturbations des mouvements des planètes.

Toute une phalange d'esprits de premier ordre, les Lalande, les Legendre, les Monge, les Biot, les Fresnel, les Poisson, apportèrent leur contribution à ce vaste édifice de la science cosmique. On s'acharna à résoudre le *problème des trois corps*, qui détermine les mouvements des satellites. Enfin Laplace, dans son *Exposition du système du Monde*, put résumer tant de travaux.

Notre système solaire se trouvait ainsi constitué:

Au centre, le Soleil, sphère lumineuse, à peine ellipsoïde, dont le rayon équatorial vaut 108.558 fois celui de la Terre, n'est pas dans une immobilité théorique complète.

Selon la formule de Newton, il doit décrire, au devant de chacune de ses planètes, dans le temps de leurs révolutions, une petite ellipse dont le grand axe est, à celui de leur orbite, dans le rapport inverse des masses. Mais, sauf en ce qui concerne Jupiter, les rayons de toutes ces ellipses ne dépassent pas celui du Soleil lui-même. Comme tous ces mouvements, différents en vitesse et amplitude, tantôt s'ajoutent et tantôt se retranchent les uns des autres, le centre du Soleil oscille assez irrégulièrement dans une petite courbe à multiple courbure qui est la résultante de toutes les petites ellipses théoriques qu'il décrit.

En même temps, cet astre tourne sur lui-même dans une période assez mal déterminée, mais qui paraît être de 25 à 27 jours. Si la détermination de la durée de la rotation solaire est si difficile, c'est qu'on ne peut l'induire que des mouvements des taches qui se forment et disparaissent, sans périodicité régulière, dans sa région équatoriale.

Or, ces taches sont elles-mêmes mobiles, entraînées dans les mouvements de l'atmosphère solaire où elles se forment et se déforment sans cesse. La rotation que nous pouvons constater n'est donc pas celle du noyau solaire, mais celle de son enveloppe gazeuse, dont les mouvements angulaires varient avec les latitudes et semblent plus rapides vers les pôles; comme si la masse de cette atmosphère était constamment attirée des pôles vers l'équateur où, ayant une moindre vitesse acquise, elle retarde sur le mouvement du globe sous-jacent; comme les couches froides de notre atmosphère terrestre, en mouvement des pôles vers l'équateur, y retardent sur les vitesses des régions intertropicales, en produisant le phénomène des vents alizés.

La Terre tourne sur elle-même comme le Soleil. C'est sa rotation sur son axe immobile qui donne l'illusion du mouvement diurne de tout le ciel autour d'elle, et tend à la faire croire immobile au centre du monde parce qu'elle est le centre optique d'où nous l'observons.

Cette rotation de la Terre autour d'un axe qui, pour une durée limitée, semble immobile dans l'espace, est la mesure du *jour sidéral.*

Le jour sidéral est le temps nécessaire pour ramener les mêmes étoiles à la projection sur le ciel des mêmes méridiens terrestres. Il se divise en 24 heures sidérales. Il est invariable, du moins dans les limites de nos observations, et, théoriquement, il ne peut varier que par suite d'une altération dans la constitution du système solaire.

En vertu des conséquences du principe de conservation des forces vives, si le rayon de la terre devenait plus petit, le jour sidéral deviendrait plus court; il deviendrait plus long, si le rayon de la Terre augmentait, sa masse restant constante. Il en serait de même si, son rayon demeurant constant, sa masse augmentait ou diminuait.

L'heure sidérale, dans les limites de sa constance actuelle, est l'unité de temps astronomique, avec ses subdivisions, la minute et la seconde sidérales.

En même temps que la Terre tourne sur elle-même, dans la durée d'un jour sidéral, elle gravite autour du Soleil, dans une orbite elliptique nommée l'écliptique, dont l'excentricité est de 0,0167701 de son demi-grand axe, et dont le Soleil occupe l'un des foyers, selon la première loi de Képler. La droite qui joint ces deux foyers et forme le grand axe de l'ellipse, la coupe en deux points extrêmes, dont l'un est le *périhélie* et l'autre l'*aphélie*. C'est ce qu'on nomme la *ligne des absides*.

Cette ligne des absides n'a pas une direction constante dans le ciel. Dans la limite de nos observations, le périhélie terrestre se déplace chaque année sur l'écliptique, dans le sens de la translation de la Terre, de 11″,7. Si son mouvement reste constant, il lui faudra 110.769 ans

pour exécuter une révolution entière de la ligne
des absides dans le plan de l'écliptique. Mais
ce mouvement pourrait bien être variable, car
des observations antérieures l'avaient fait esti-
mer environ cinq fois plus rapide; de sorte que
la révolution totale des absides se serait accomplie en 20.000 ans environ.

La cause de ce mouvement n'est pas bien
connue. S'il dépend de la pesanteur, il pourrait
être le résultat des actions et réactions mutuelles de tous les corps du système et, dans ce cas,
sa vitesse devrait être très variable.

Les époques de l'année où la Terre passe à
son périhélie et à son aphélie, dépendant de la
longitude de ces deux points de l'orbite relativement à la situation de l'équinoxe de printemps, pris, comme point d'origine de tous les
mouvements sidéraux, sont donc lentement variables, et cette variation entraîne une lente altération des différences des climats et des saisons
sur les diverses zones terrestres. Il se trouve
actuellement que la terre passe à son périhélie
vers le 1er janvier, et à son aphélie vers le 1er
juillet. Si le mouvement des absides était constant depuis plus de 27.000 ans et pendant les
27.000 ans à venir, la terre graviterait donc plus
près du soleil pendant notre hiver boréal que
durant notre été; les jours de nos hivers sont
un peu plus courts que ceux de nos étés, et la
durée de nos étés est de cinq jours plus longue
que la durée de nos hivers. En effet, du 21 septembre au 21 mars, il n'y a que 180 jours, et
185 du 21 mars au 21 septembre. Dans 55.000

ans ce devrait être le contraire, si le déplacement des absides était constant.

Le plan de l'écliptique est-il constant? Il l'est, au moins en apparence, en vertu d'un cercle vicieux. Nécessairement pris par les astronomes pour le plan fondamental de leurs observations, s'il venait à varier, ils enregistreraient une variation angulaire de tous les autres plans, par rapport à lui. Cette variation n'ayant pas été constatée, on peut affirmer sa constance, relativement aux étoiles, dans les limites de nos deux mille ans d'observations, avec une probabilité de constance pour une durée que nous pouvons considérer comme indéfinie. Toutefois, si, comme on n'en doute plus, le soleil se meut à travers l'espace, en entraînant avec lui son cortège de planètes, il est presque certain que le plan de l'ecliptique doit se mouvoir lentement. Mais pour une période d'une immense longueur, on peut le considérer comme invariable.

Sur ce plan invariable de l'écliptique le plan de l'équateur solaire est incliné d'environ 7°. Si le plan de l'écliptique s'impose aux astronomes pour leurs observations, pour l'enseignement de l'astronomie, le plan fondamental devrait être celui de l'équateur solaire, qui est le plan d'équilibre central du système, puisque tous les autres se meuvent autour de lui et par rapport à lui. Rien, du reste, ne serait plus simple que de traduire en inclinaisons sur l'équateur solaire les inclinaisons de tous les autres plans sur l'écliptique. Il s'agit d'un simple calcul de trigonométrie, et l'exposition du système du monde y gagnerait en clarté et en simplicité (1).

Le plan de l'équateur de rotation de la terre est incliné sur l'écliptique de 23° 27'. C'est l'inclinaison mutuelle de ces deux plans, jointe à la direction constante de l'axe de rotation terrestre, qui détermine les variations des saisons. La Terre, en rotation autour de son axe, relativement immuable, présente successivement au soleil ses deux pôles, dans sa translation annuelle autour de lui, en sens contraire du mouvement diurne apparent du ciel. Pendant l'été boréal, le Soleil éclaire durant six mois le pôle boréal de l'axe terrestre, qui durant les six mois de l'été austral reste plongé dans la nuit.

Tandis que chacun des pôles jouit alternativement d'un jour de six mois, durant lequel le Soleil, toujours visible, fait le tour de l'horizon 180 fois au pôle austral, et 185 fois au pôle boréal; en augmentant, durant trois mois, de hauteur sur l'horizon pour diminuer durant les trois mois suivants. Les cercles polaires, aux latitudes de 90° — 23° 27' = 66° 33', n'ont qu'un jour de 24 heures par an, à leur solstice

(1) Ce calcul, je l'ai fait il y a déjà quarante années. Il a été envoyé à l'Académie de Genève, où il doit être encore. J'en ai perdu la copie. J'avais constaté que l'inclinaison de l'écliptique sur l'équateur solaire est de 7° et la plus grande du système, et que les orbites de toutes les autres planètes se rapprochent beaucoup du parallélisme avec lui. L'orbite de Jupiter, entre autres, est inclinée de moins de 1°. En conservant pour point d'origine des longitudes observées, notre point équinoxial, c'est-à-dire le nœud ascendant de l'écliptique sur l'équateur terrestre, la distance angulaire de ce nœud et du nœud ascendant de l'écliptique sur l'équateur solaire, ajoutée aux longitudes observées, donnerait les longitudes solaires.

d'été, et une nuit de 24 heures à leur solstice d'hiver.

Des cercles polaires à l'équateur, existent 12 zones climatériques, sur lesquelles le plus long jour de l'année diminue successivement d'une heure, de sorte que, sous l'équateur même, tous les jours sont égaux aux nuits et tous sont également de 12 heures.

De cette variation des climats astronomiques résulte celle des climats physiques. Tandis qu'entre les tropiques la température est presque constante toute l'année, dans les zones tempérées et polaires les variations thermiques des saisons deviennent de plus en plus extrêmes.

Aux équinoxes, quand le jour est égal aux nuits par toute la terre et que le soleil décrit l'équateur terrestre, c'est que le Soleil et la Terre se trouvent à la fois dans le plan de l'équateur terrestre et dans le plan de l'écliptique, et tous les deux situés sur *la ligne des nœuds*.

Cette ligne des nœuds est donc décrite par la rencontre du plan de l'écliptique et du plan de l'équateur terrestre. Elle coupe ces deux courbes en deux points opposés qui sont les points équinoxiaux de printemps et d'automne.

Cette droite n'est pas toujours parallèle à elle-même. Comme la ligne des absides, elle se déplace, mais en sens rétrograde du mouvement de translation, de 50"2 par année. Elle accomplit ainsi une révolution entière en 25.816 ans environ.

Durant cette période, l'axe de la terre subit un mouvement d'oscillation conique, ou un balancement de toupie, dû à l'excès de pesanteur du ménisque équatorial de l'ellipsoïde terrestre, qui tend à tomber vers le Soleil, en faisant s'incliner vers cet astre l'équateur terrestre. Il en résulte que l'axe de rotation de la terre ne correspond pas toujours aux mêmes points du ciel.

. L'Etoile Polaire, qui etait éloignée de 12° du pôle boréal à l'époque des plus anciennes observations, n'en est plus éloignée aujourd'hui que de 1° 15'. Cette distance diminuera jusqu'en 2605; où elle ne sera plus que de 26', A partir de ce moment, elle s'en éloignera de nouveau pendant 13.000 ans, jusqu'à la distance de 46°, qui diminuera ensuite pendant 13.000 ans. Durant cette période de près de 26.000 ans, d'autres étoiles seront devenues des polaires et, dans une douzaine de mille ans, la belle étoile Wéga, l'une des plus brillantes du ciel, indiquera le pôle boréal.

L'année sidérale, ou la période de translation de la Terre autour du Soleil, est le temps nécessaire pour que la terre revienne en conjonction avec les mêmes étoiles; et réciproquement, pour que le Soleil revienne se projeter sur les étoiles diamétralement opposées dans le ciel.

Elle comprend environ 366 rotations sidérales du Soleil ou jours sidéraux de 23 h. 56 m. 3 s. 45, exprimées en temps moyen. Exprimée en temps solaire moyen, l'année sidérale est de 365 jours 25 (Année Julienne) ou de 365j. 2422166 (Année tropique) (1).

---

(1) L'année tropique, qui ramène le Soleil au point équinoxial de printemps, étant un peu moins de 365 j. 25, le 366ᵉ jour de

Le jour solaire est donc plus long que le jour sidéral de quelques minutes. C'est le temps écoulé entre deux retours apparents du Soleil au même méridien terrestre. Or, tandis que la Terre accomplit une rotation sur elle-même, elle avance à peu près d'un degré dans son orbite en même sens. Par conséquent, elle doit faire encore $\frac{1}{365}$ de tour pour que le Soleil se projette sur le même méridien que le jour précédent.

La durée du jour solaire n'est pas constante.

Nous avons vu que la distance de la Terre au Soleil étant variable du double de l'excentricité de son orbite, en vertu de la seconde loi de Képler sur la proportionnalité des aires décrites aux temps employés à les décrire, qui est d'ailleurs une conséquence du principe de conservation des forces vives, le mouvement de translation de notre planète est plus rapide en hiver quand elle est près de son périhélie, et parcourt la moitié de l'ellipse dont le Soleil occupe le foyer, qu'en été, lorsqu'à son aphélie elle parcourt la moitié opposée. D'après cela, la durée des jours solaires devrait croître constamment du 1er janvier au 1er juillet et décroître du 1er juillet au 1er janvier.

Mais comme cette variation dans la durée du jour se complique d'une autre, qui dérive de

la dernière bissextile de chaque siècle a été supprimé par la réforme Grégorienne. L'église grecque n'ayant pas accepté cette réforme du calendrier, qui a supprimé un certain nombre de jours de l'année où elle a été opérée, auxquels se sont ajoutés, depuis, un certain nombre de jours bissextiles, le calendrier russe se trouve en retard d'une douzaine de jours sur le nôtre).

l'inclinaison de l'écliptique et dont la période n'est pas la même, le jour solaire le plus long est en ce moment le 23 décembre et le plus court le 16 septembre. Ces dates varient lentement avec le temps.

Pour obtenir une unité de temps invariable, les astronomes ont imaginé un Soleil moyen fictif, ayant une révolution apparente de même durée que la révolution réelle de la terre, mais animée sur l'équateur d'un mouvement uniforme. L'intervalle de temps entre deux passages de ce Soleil fictif au même méridien est le jour moyen ou jour civil, sur lequel se règlent les horloges officielles.

Toutes les autres planètes connues des anciens ont des mouvements analogues à ceux de la Terre autour du Soleil. Elles tournent, comme elle, sur elles-mêmes, en circulant autour du Soleil, dans des orbites elliptiques, plus ou moins inclinées sur le plan de l'écliptique, mais, en général, presque parallèles au plan de l'équateur solaire. Un zodiaque tracé autour de l'équateur du Soleil aurait une largeur angulaire bien moins grande que notre ancien zodiaque terrestre qui comprenait toutes les routes apparentes des astres sur le ciel. Cette différence des inclinaisons provient de ce que les nœuds des orbites planétaires avec l'équateur solaire ne sont pas situés aux mêmes longitudes que leurs nœuds avec l'écliptique, en sorte que leurs inclinaisons à l'écliptique, tantôt s'ajoutent à leurs inclinaisons à l'équateur solaire et tantôt s'en retranchent.

Les lignes des nœuds des orbites planétaires
et de l'écliptique ont, de même, un mouvement
de révolution rétrograde et d'autant plus rapide
que les planètes sont situées plus près du Soleil, qu'elles sont plus inclinées sur leur orbite
et qu'elles sont plus aplaties, ce qui dépend de
la rapidité de leur rotation.

Toutes ont également une révolution de la
ligne de leurs absides d'une période plus ou
moins longue.

Toutes ont un mouvement de rotation sur
elles-mêmes, mais dont la vitesse varie dans de
larges limites.

Longtemps on avait évalué les durées de la
rotation des petites planètes inférieures, Vénus
et Mercure, à des périodes analogues à notre
jour terrestre. L'astronome italien Schiaparelli
a conclu, de longues séries de soigneuses observations, que, pour ces planètes, la durée de la
rotation est égale à celle de la révolution, que,
par conséquent, la durée de leurs jours est égale
à celle de leur année, et qu'elles tournent toujours le même hémisphère au Soleil. Cette égalité du jour et de l'année leur serait commune
avec notre Lune et, probablement, avec tous les
satellites. Les observations de M. Schiaparelli
ont été contestées.

Mais, comme l'avait prévu Giordano Bruno,
notre système solaire s'est enrichi de nouvelles
planètes. A la fin du siècle dernier, en 1781,
William Herschell découvrait Uranus et notre
Leverrier, discutant les irrégularités observées
dans les mouvements d'Uranus, en concluait

le 1er juin 1846, l'existence d'une autre planète encore plus lointaine. Par la seule puissance du calcul, il avait déterminé sa distance au Soleil, sa masse, l'inclinaison de son orbite et même pu annoncer le point du ciel où elle devait se trouver à une certaine époque. En effet, le 23 septembre de la même année, M. Galle, de Berlin, l'apercevait.

Il en existe peut-être encore bien d'autres que leur éloignement et la faiblesse de leur lumière réfléchie dérobe à nos regards. Une faible traînée de lumière blanche sur les clichés photographiques de la carte du ciel, que les astronomes du monde entier sont en train de dresser, leur en révélera peut-être un jour prochain l'existence.

Une autre découverte vint étonner les savants au commencement de ce siècle. Tous avaient été frappés du vide insolite que leurs observations révélaient entre les orbites de Mars et de Jupiter, quand ce vide fut tout à coup comblé par la découverte de tout un essaim de petits corps, gravitant suivant les mêmes lois que les planètes, dans ce même vide, et dans des orbites singulièrement enchevêtrées. La première fut découverte en 1801 par Pazzi, qui la nomma Cérès. Olbers découvrit Pallas en 1802. Junon fut signalée par Harding en 1804 et Vesta, encore par Olbers, en 1807.

Depuis, leur nombre s'est rapidement accru. Il a atteint 425. On en découvre encore tous les jours. Les mêmes astronomes en ont signalé des douzaines. C'est devenu une spécialité, un sport pour des amateurs. On a dû renoncer à donner des noms à ces granulations astrales; on les désigne par des numéros.

Bien qu'obéissant aux lois de Képler et à celle de la gravitation, ces astéroïdes se distinguent toutefois des planètes par les éléments de leurs orbites, en général plus excentriques et plus inclinées à l'écliptique que les orbites des grosses planètes. Quant à leurs volumes, ces corps diffèrent aussi considérablement. Quelques-uns ont la grosseur de véritables satellites; d'autres ont à peine quelques kilomètres de diamètre et présentent des formes anguleuses, très éloignées de celles des sphéroïdes de révolution.

Tout semble faire naître l'idée que ces corps sont les éclats d'un ou plusieurs mondes détruits, brisés dans un choc qui les aurait projetés dans l'espace avec des vitesses et sous des angles bien différents. On a essayé de contester cette hypothèse. Les objections qu'on a faites ont peu de valeur, parce que toutes les données du problème dépendent de la façon dont le choc se serait produit.

N'existe-t-il pas d'autres astéroïdes circulant, dans notre système, entre les orbites des autres planètes? Déjà les astronomes ont signalé l'existence d'une planète intra-mercurielle qu'ils ont baptisée du nom de Pluton. Ils affirment l'avoir vue se projeter, comme un petit point noir, sur le Soleil, à l'époque de ses passages; mais, d'ordinaire, noyée dans les rayons solaires, elle serait invisible.

Il y a lieu de penser que bon nombre d'autres

petits corps circulent ainsi dans les limites de notre monde, dans des orbites fermées, suivant les lois communes. On en est venu à considérer que les étoiles filantes sont ainsi de petits astéroïdes dont les orbites, à certains moments, coupent celui de la terre, et qui, s'enflammant par leur frottement contre notre atmosphère, ont leur mouvement plus ou moins ralenti. Ces corps nous présentent alors, dans l'atmosphère, le brillant phénomène des bolides, qui, après avoir parcouru une certaine trajectoire, sous la forme de globes enflammés, éclatent et tombent sur le sol par fragments solides. Ainsi s'expliquent ces pluies de pierres dont le souvenir s'est fixé dans la tradition. Leur réalité, longtemps contestée par les astronomes anciens, ne peut plus être mise en doute. Certaines de ces météorides ont atteint des poids considérables. On en découvre fréquemment de plusieurs tonnes, et l'histoire grecque a enregistré la chute d'un énorme bloc tombé dans le détroit d'Ægos-Potamos, 469 ans avant notre ère. Cependant, encore au commencement de notre siècle, un de nos plus savants astronomes niait que des pierres pussent tomber du ciel, « par la raison, disait-il, qu'il n'y a pas de pierres dans le ciel ». L'abondance des météorites et leur analyse chimique sont, au contraire, venues nous révéler l'unité de constitution de la matière dans l'univers.

Ces astéroïdes semblent surtout agglomérés, dans notre système, par traînées annulaires, très analogues à l'essaim d'astéroïdes qui gravitent entre Mars et Jupiter, mais avec de plus petites dimensions moyennes. Chacun de ces fragments cosmiques gravite dans une orbite qui lui est propre; mais ces orbites sont tellement enchevêtrées par leurs inclinaisons et leurs excentricités qu'il en peut résulter fréquemment des chocs mutuels où ces corps se brisent en fragments plus petits encore, qui reprennent chacun une route différente, formant ainsi des anneaux presque continus de parcelles matérielles complètement invisibles.

Un de ces anneaux d'astéroïdes paraît couper l'orbite terrestre en deux points, et donner lieu ainsi aux pluies d'étoiles filantes du 10 au 11 août et du 13 novembre de chaque année, avec des minima et des maxima dont la période serait d'environ 30 ans. Cette période paraît susceptible de certaines perturbations; car le maximum, qui était attendu en novembre 1897, ne s'est pas produit, à la grande déception des astronomes.

Ils doivent pourtant bien savoir qu'un phénomène aussi complexe ne peut avoir la même régularité que le mouvement d'une seule masse cohérente. En effet, le maximum de fréquence sur un point d'un tel anneau, dépendant du mouvement propre de tous les petits corps qui le constituent, doit lentement s'altérer et se déplacer. Même en supposant les rayons de toutes ces orbites très peu différents, et, par conséquent, les vitesses de ces corps également presque semblables, cependant, à la longue, si ces vitesses ne sont pas identiques, leurs groupements doivent s'altérer, se déplacer, se briser en plusieurs groupes plus petits, ou au contraire se reconstituer sur d'autres points de leur orbite moyenne.

C'est là vraisemblablement pourquoi la pluie d'étoiles de novembre 1897, au lieu de milliers de météores, n'en a donné qu'un nombre très restreint, et même inférieur à celui qu'on peut observer dans les nuits claires du reste de l'année. Cette année-là, sans doute, quand la terre est arrivée au nœud de son orbite avec l'orbite moyenne de ces astéroïdes, elle l'a traversée en un point où ces petits corps se trouvaient exceptionnellement clairsemés.

Ces deux essaims de météores, qu'on s'est accoutumé à voir et qu'à tort on s'attend à revoir toujours deux fois l'année, ont reçu les noms de Léonides et Perséides, parce que c'est des deux constellations du Lion et de Persée qu'on les voyait principalement diverger, comme d'un centre commun. Ce sont les Léonides de novembre qui ont manqué au dernier rendez-vous, et leur groupe dispersé peut mettre de longues années à se reconstituer. Les Perséides peuvent disparaître à leur tour par les mêmes causes très naturelles. C'est de même que la conjonction mutuelle de toutes les grosses planètes de notre système, a une même longitude céleste, ne se reproduit qu'à de très longues périodes ; mais leur groupement dans un espace de seulement 3o° se produit beaucoup plus fréquemment, bien qu'il soit encore rare qu'elles soient toutes rassemblées dans un même quadrant de la circonférence du Zodiaque.

Il est certain que si le groupement des Perséides, c'est-à-dire la pluie d'étoiles filantes du 10 août, désignées sous le nom populaire de Larmes de Saint-Laurent, est périodiquement observée, depuis de longs siècles, au contraire, la pluie de novembre, ou des Léonides, semble d'une observation récente. C'est pourquoi les astronomes cherchent à expliquer son origine dans la désagrégation de la queue d'une comète. Ce qui semble à peu près démontré, pourtant, c'est que les deux essaims font partie du même anneau, et doivent, par conséquent, avoir la même origine.

Mais en outre de cette zone peuplée d'astéroïdes, combien de granulations cosmiques circulent isolément dans le ciel, soit autour du Soleil, soit autour des planètes, soit même autour de leurs satellites; que de rencontres et de chocs peuvent résulter de ces entrecroisements et faire virer de bord les deux corps choqués, forcés de prendre d'autres routes, sans compter tous les grains de matière que notre système peut rencontrer dans sa route à travers l'espace, à la suite du Soleil.

Je donne ici le tableau comparatif des éléments principaux du système solaire, comprenant la distance moyenne des planètes au Soleil, celle de la Terre étant prise pour unité; la durée de leurs révolutions (en années sidérales), la durée de leurs rotations en jours, heures, minutes et secondes (temps moyen); puis leurs diamètres, ou rayons équatoriaux, relatifs au rayon ou diamètre de la terre; enfin leurs volumes, leurs masses

et leurs densités; celle de la terre étant prise
pour unité (1).

(1) Les valeurs de ce tableau sont empruntées à l'*Annuaire du Bureau des Longitudes*, pour 1898.

NOMS des planètes	I Distance du soleil la Terre = 1	II Durée des révolutions en années sidérales	IV Diamètres la terre = 1	V Volumes la terre = 1	VI Masses la terre = 1	VII Densités la terre = 1	III Rotations en jours, heures, minutes et secondes
		ans					
Mercure........	0.3870987	0.240843	0.373	0.052	0 061	1.173	88 j.
Vénus........	0.7233322	0.615186	0.999	0.975	0.787	0.807	225 j.
La Terre......	1.0000000	1.000000	1.000	1.000	1.000	1.000	23 h. 56"
Mars	1 5236913	1.880832	0.528	0.147	0.105	0.711	24 h. 37' 23"
Planètes télescopiques							
Jupiter........	5.202800	11.861965	11.061	1279.412	309.816	0.242	9 h. 55' 37"
Saturne........	9.538856	29.457176	9.299	718.883	91.919	0.128	10 h. 14' 24"
Uranus........	19.18329	86.020233	4.234	69.237	13.518	0.195	» » »
Neptune......	30 05508	164.766895	3.798	54.955	16.469	0.300	» » »
Soleil	1.000000 (à la terre)	1.000000	108.558	1283720.000	324439.000	0.253	25 j. » »

VI

HABITABILITÉ DES PLANÈTES

D'après ce tableau, on peut se faire une idée des conditions d'habitabilité des diverses planètes. La chaleur solaire, diminuant en raison inverse des carrés des distances, est sur Mercure plus de six fois plus grande que sur la terre ; sur Vénus elle est du double ; sur Mars, elle est moins de moitié, sur Jupiter environ un vingt-cinquième ; sur Saturne, un quatre-vingtième ; sur Uranus, 1/362 ; enfin Neptune ne reçoit plus que 1/900 de la chaleur que reçoit la Terre, par unité de surface, et unité de temps.

Mais si l'on faisait le calcul des quantités totales de calories reçues, dans l'unité de temps, sur la totalité de la surface de chacun de ces astres, il faudrait multiplier les valeurs ci-dessus par les carrés de leurs rayons, et il se trouverait que Jupiter, par exemple, doit à sa grosseur de recevoir environ cinq fois plus de calories que la terre.

Quant à l'intensité de la pesanteur à la surface des planètes, elle est fort mal connue, étant données les incertitudes de la théorie de la chute des corps, dans des conditions qui ne sont plus comparables aux accélérations réciproques des masses sidérales.

Si l'on part de ce principe, admis à priori, puisque rien ne le démontre, que la pesanteur à la surface des masses cosmiques est en raison directe de leur masse et inverse des carrés de leur rayon, c'est-à-dire des distances à leurs centres, on l'évalue sur Mercure à 0,439, sur Vénus à 0,803, sur Mars à 0,376, sur Jupiter à 2,261, sur Saturne à 0,892, sur Uranus à 0,754, sur Neptune à 1,142, et enfin sur le Soleil à 27,625 fois sa valeur à l'équateur terrestre.

Mais ces calculs étant fondés sur l'hypothèse de l'attraction, leurs résultats sont infirmés avec elle, si le processus de la chute des corps à la surface des planètes est gouverné par quelqu'autre loi encore inconnue, et s'il dépend, par exemple, de la pression centripète sur ces corps de l'éther intercosmique (1).

Si, comme l'affirme M. Schiaparelli, la rotation de Mercure sur lui-même s'accomplit dans le même temps que sa révolution autour du Soleil, il tourne constamment le même hémisphère à cet astre, comme la Lune en circulant autour de la Terre lui montre toujours le même côté. Les conditions d'habitabilité sont donc bien différentes sur les deux moitiés opposées de cette petite planète, si près du Soleil, qui en reçoit plus de six fois plus de chaleur que nos régions équatoriales, par unité de surface et de temps. Du côté du jour perpétuel, la chaleur doit y

____

(1) Voy., sur cette question, la *Constitution du Monde*, VI° partie, ch. LXXXIV.

être suffisante pour maintenir l'eau en ébullition et d'autant plus que la pesanteur y serait moins forte, comme on le prétend; puisque, sous une pression moindre, le point d'ébullition de l'eau y serait considérablement abaissé. Les habitants de cet hémisphère de Mercure ne pourraient donc pas conserver d'eau à l'état liquide et toute l'eau qui pourrait y exister serait répandue dans l'atmosphère à l'état de vapeurs, atténuant ainsi l'ardeur du rayonnement solaire continu, mais sans abaisser la température au-dessous du point d'ébullition. Cet hémisphère de Mercure serait une étuve.

Mais ces vapeurs chaudes, qui ont une tendance à s'élever, doivent être constamment emportées par des courants divergents, vers les bords de l'hémisphère diurne et de là sur l'hémisphère nocturne, soustrait à l'influence solaire, où ils doivent se condenser en pluie ou en neige; tandis que des courants inférieurs de sens contraire doivent rapporter l'air froid de l'hémisphère nocturne sur l'hémisphère éclairé, en convergeant vers son centre. Dès vents violents, de direction constante, doivent donc régner sur toute la zone circulaire de la planète qui sépare ses deux hémisphères, et pour laquelle le Soleil a toujours la même hauteur à l'horizon. En sorte que certaines régions auraient une perpétuelle aurore, et d'autres un crépuscule perpétuel. Quant à l'hémisphère nocturne, il serait perpétuellement glacé ou enveloppé de brouillards, se résolvant en pluies, en neige ou en grêle. Au centre même régnerait un froid polaire, tandis qu'une chaleur brûlante, bien supérieure à celle de notre zone torride, désolerait le centre de l'hémisphère diurne.

Dans ces conditions, Mercure devrait être un théâtre de courants électro-thermiques d'une grande puissance, développant nécessairement dans ce globe une aimentation d'une intensité considérable.

La chaleur propre de Mercure peut-elle, du moins, adoucir un peu le perpétuel hiver de son hémisphère nocturne? Sa masse, qui n'est pas cinq fois celle de la Lune, ne peut développer une quantité de chaleur suffisante pour en être liquéfiée jusqu'à sa surface. Il est vrai qu'elle reçoit du Soleil, par un de ses hémisphères, beaucoup plus de chaleur qu'elle n'en rayonne par l'autre. On peut même trouver une explication de la grande densité de Mercure, dans le fait qu'ènveloppé comme il l'est, dans les rayons du Soleil, il est resté à l'état liquide, sauf peut-être une très mince écorce, encore brûlante et même rutilante, rendant compte de la lumière propre qui paraît parfois en émaner lorsque, dans ses conjonctions supérieures, nous voyons sa face éclairée.

Mercure ne serait donc pas un astre refroidi et mort comme la Lune, mais un astre, au contraire, condamné à ne jamais atteindre l'état adulte, avec les conditions propres à la vie, et à rester ainsi, à l'état de chaudière inutile, produisant de l'énergie sans emploi, espèce de calorifère placé à côté du Soleil, où, dans tous les cas, il ne peut faire bon de vivre.

Les conditions d'habitabilité de Vénus seraient analogues, bien que moins extrêmes, si,
ainsi que Mercure, cette planète tourne toujours
le même hémisphère vers le Soleil, comme l'affirme M. Schiaparelli. De même, son hémisphère éclairé serait une étuve et son hémisphère
nocturne une région analogue à nos régions
polaires, supposées dans un perpétuel hiver.
Comme sur Mercure, des vents violents diver-
geraient du centre de son hémisphère éclairé
vers ses bords, emportant vers son hémisphère
nocturne ses eaux vaporisées ; tandis que des
bords de celui-ci arriveraient, en convergeant,
des courants inférieurs froids et secs. Comme
sur Mercure, les seules régions habitables, et
propres aux manifestations de la vie, du moins
sous des formes analogues à ses formes terrestres, seraient la zone circulaire qui sépare ses
deux hémisphères, diurne et nocturne, et ne
reçoivent que les rayons obliques d'un Soleil
toujours à son couchant ou à son levant.

Toutefois, ces conditions, si sévères, si absolues
dans Mercure, seraient adoucies dans Vénus par
une chaleur totale trois fois moins vive, tamisée
d'ailleurs par une atmosphère très épaisse, très
agitée et toujours chargée de nuages qui nous
laissent très difficilement et très rarement apercevoir la forme de ses continents émergés. Si
bien que très peu des dessins qu'on en a faits se
ressemblent entre eux.

Il semble, toutefois, que ces continents soient
étendus surtout dans les régions équatoriales et
soient moins découpés que les nôtres. Ils ressem-

bleraient à trois ou quatre Afriques, à peine reliées entre elles par des isthmes ou même complètement séparées. Mais les contours en sont si mal déterminés, si fugaces, qu'ils laissent supposer des erreurs d'optique et font craindre que nous ne prenions pour la forme des terres celle des nuages orageux formés dans les couches inférieures de l'atmosphère.

Au delà de la Terre, en s'éloignant du Soleil Mars possède, au contraire, des conditions climatériques assez analogues à celles de notre globe. Son équateur, fortement incliné sur son orbite, lui donne, comme à nous, des saisons variables. Ses deux pôles, alternativement éclairés par le Soleil ou plongés dans la nuit, comme les nôtres, sont envahis, durant leurs hivers, par des calottes de neige et de glace, qui fondent rapidement pendant leurs étés plus longs que les nôtres ainsi que leurs hivers, puisque l'année de Mars est presque deux fois plus longue que la nôtre (comme 1, 8 : 1).

Un climat relativement tempéré règne dans sa région équatoriale, bien moins chaude, pourtant, que celle de la Terre, puisqu'elle reçoit près de quatre fois moins de chaleur, dans le même temps, par unité de surface. Mais l'atmosphère de Mars étant très peu dense, sous une pression beaucoup plus faible et très diaphane, le rayonnement diurne doit y être plus intense, et par suite aussi le rayonnement nocturne beaucoup plus actif. La différence de température des jours et des nuits doit y être très grande.

Il ne paraît pas douteux que l'eau y existe.

sous ses trois états physiques : solide, liquide et gazeux. Mais son point d'ébullition doit y être peu élevé, d'abord en raison de la faible pesanteur à sa surface, si les évaluations à cet égard sont exactes, ensuite à cause de la faible pression exercée par une atmosphère moins dense et certainement beaucoup moins haute.

La vie organique, dans des conditions assez analogues à ses conditions terrestres, existe donc sur Mars. Les variations de couleur de ses continents, avec les saisons, attestent l'existence d'une végétation active, mais dont l'évolution est plus lente, dans une année presque du double plus longue, et dont les produits, certainement bien différents des produits de la vie terrestre, causeraient, sans doute, de vives surprises à nos botanistes, et même à nos biologistes.

La couleur verte de nos frondaisons paraît être remplacée sur Mars par des tons roux et jaunâtres, analogues à la gamme éclatante et chaude de notre nature automnale, quand le pourpre de la vigne vierge se marie à l'or vif des feuilles tombantes et des moissons blondes. Et l'on y voit peut-être dominer à l'état naturel ces feuillages diaprés qu'ont réussi à produire nos horticulteurs. La palette de la nature y semble plus riche que sur la Terre.

Quant à la vie animale elle est certainement possible et la diminution d'intensité de la pesanteur, si toutefois elle existe, car il faut toujours faire des réserves à cet égard, permet à des animaux de très grande taille de se mouvoir sans grands efforts musculaires. La planète Mars peut être un monde de géants ; et les colosses de notre faune quaternaire y sont peut-être dépassés en proportions. Il semble, au premier abord, que le monde des oiseaux devrait être surtout développé dans de telles conditions ; mais la faible densité de l'atmosphère, diminuant leur point d'appui, augmenterait considérablement la somme des efforts à faire pour s'y maintenir ; si bien que l'aviation y serait au moins aussi difficile que sur la terre et que les Martiens n'ont peut-être, pas plus que nous, résolu le problème de la direction des aréostats plus lourds que l'air.

On peut supposer toutefois que Mars possède des habitants analogues et même équivalents à l'homme, par l'intelligence et l'industrie, et peut-être supérieurs.

Les astronomes, depuis que leurs moyens d'observations se sont perfectionnés, ont constaté que les continents de Mars, plus étendus que les nôtres, relativement aux surfaces maritimes, sont comme striés de lignes sombres formées de portions de droites, qui se coupent sous des angles variables et dessinent comme un réseau compliqué de voies de communications, paraissant converger vers certains points de rayonnement, comme nos voies ferrées et nos routes convergent vers nos capitales. Seulement, ces voies rectilignes auraient des largeurs de cinq à dix kilomètres, au moins, comme nos vallées fluviales. Certaine portion de la vallée du Rhin ou de celles de la Saône, vue de la distance de Mars, devraient avoir le même aspect, en certaines saisons.

On a baptisé ces singulières apparences du nom de canaux. L'hypothèse est plausible ; mais ces canaux laisseraient loin derrière eux notre canal de Suez. Il est vrai que si la pesanteur

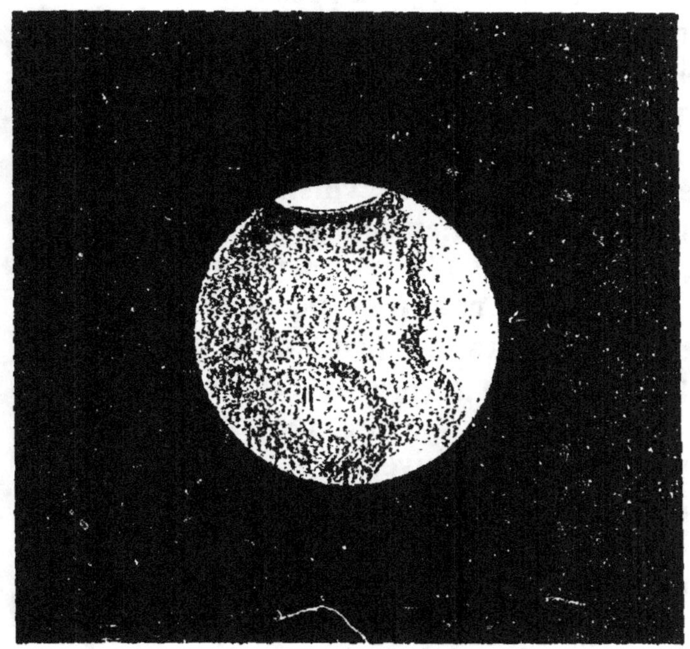

Fig. 3. — Mars, 25 avril 1856.

est si faible, ils donneraient moins de peine à creuser. Ces canaux pourraient être surtout des canaux d'irrigation, autant que des voies fluviales. Ils auraient pour but d'entretenir la végétation sur leurs bords, durant les longs étés. La civilisation de Mars ne serait pas sans analogie avec celle de la Hollande.

Mars a bien des montagnes, assez hautes, relativement à son rayon. Cependant, ses continents semblent, en général, peu élevés au-dessus de ses mers, moins étendues et aussi moins profondes que les nôtres. L'eau existe certainement dans ce petit monde, mais elle y existe en quantité insuffisante. On comprend alors que le premier besoin d'êtres intelligents ait dû être de pourvoir à son aménagement. Durant les hivers de chaque pôle, elle s'y fige à l'état de banquises et de champs de neige. Une grande sécheresse doit régner sur les terres voisines. On comprendrait que les Martiens aient creusé, pour la retenir, non de vastes réservoirs, mais de larges fossés, communiquant entre eux, qu'ils peuvent remplir en les ouvrant au printemps, quand les neiges fondent, pour arroser leurs terres durant l'été et qu'ils ferment à l'automne pour les conserver pleins durant l'hiver.

D'ailleurs, si la pesanteur y est moindre que sur la Terre, le travail des machines élévatoires y dépenserait moins de force motrice. Il est vrai, par contre, que la faible pression atmosphérique y diminue l'efficacité du jeu des pompes.

Pour expliquer l'existence de ces canaux, il suffirait de supposer que les continents de Mars sont, pour la plupart, des plateaux creux aux bords relevés, comme l'Australie, et dont le centre est peu élevé au dessus du niveau des mers voisines ou même, en de certaines saisons, un peu au-dessous. De sorte qu'il suffit de creuser dans les chaînes riveraines des émissaires, pour qu'en certaines saisons les canaux, creusés dans les vallées naturelles, se remplissent.

En de certains moments, ces canaux paraissent se dédoubler en deux lignes parallèles ; comme si les uns étaient destinés à recevoir le trop plein des autres et à relever leur niveau, quand vient la sécheresse. Ce serait, en tous cas, un très beau système d'irrigation que les terriens pourraient imiter dans la mesure où les conditions locales le leur permettent (1).

Il semble probable, en somme, d'après toutes les analogies, que Mars est le domaine d'une espèce vivante, intelligente et industrieuse, comme l'homme, mais dont l'organisation peut s'être réalisée sur un plan absolument différent de ceux qu'a suivis la nature terrestre. S'il était possible d'établir un jour des moyens de communication avec nos voisins, les Martiens, il est certain que bien des problèmes seraient éclaircis.

Les conditions de la vie dans Jupiter semblent tout autres. On peut dire qu'elles sont tout le contraire. La chaleur et la lumière du Soleil, 25 fois plus faibles que sur la Terre, percent difficilement une atmosphère très épaisse, très profonde, qui nous cache absolument la surface de la planète et que des vents réguliers, analogues à nos alizés, zèbrent parallèlement à l'équateur, sans doute sous l'effet de la rotation rapide qui s'accomplit en moins de 10 heures.

Fig. 4. — Jupiter.

(1) Cette apparence de dédoublement des canaux de Mars est aujourd'hui considérée comme une illusion d'optique.

En sorte que la vitesse d'un point de l'équateur de Jupiter est 26 fois plus grande que celle d'un point de l'équateur terrestre.

Cette courte journée de moins de dix heures semble devoir tout précipiter et raccourcir pour les habitants d'un tel monde, et leur année, de près de douze ans, tout y ralentir et y rallonger. L'équateur, presque parallèle à l'orbite, y rend partout, et en toutes saisons, les jours égaux aux nuits; mais ces jours et ces nuits n'ont que six heures à peine. Les alternatives du repos et de l'activité sont plus fréquentes mais plus nécessaires aussi; car, si la pesanteur y est plus de deux fois plus grande que sur la terre, le travail doit y être deux fois plus fatigant, et exige une réparation plus fréquente et plus prolongée. La marche, à masse égale, doit y être plus de deux fois plus pénible. Un éléphant couché ne pourrait s'y relever.

Les êtres vivants qui se meuvent dans Jupiter doivent avoir de petites proportions, des formes légères, élancées, frêles, de gazelles ou de lévriers, avec des muscles puissants sous un faible poids. Ce doit être l'empire des insectes, des organisations hexapodes ou décapodes; des araignées gigantesques, des myriapodes monstrueux, des cloportes gros comme des tortues. Jupiter est peut-être l'empire des fourmis.

L'aviation pourtant n'est pas impossible dans une atmosphère si lourde, qui résiste par sa densité, pourvu que la surface des ailes soit proportionnelle à la masse qu'elles doivent porter. L'on peut ainsi imaginer des libellules ayant l'envergure de nos aigles. Aux anciennes époques géologiques, notre terre en a nourri qui, d'une extrémité d'une aile à l'autre, mesuraient 60 centimètres; Jupiter en a peut-être qui sont quatre ou cinq fois plus grandes.

L'eau, étant incompressible, ne peut augmenter de densité sous la pression; mais son poids spécifique, augmentant comme la pesanteur, des poissons, comme les nôtres, retrouveraient à peu près les mêmes conditions d'équilibre dans les mers de Jupiter. Ils peuvent donc s'être développés sous de très grandes proportions; mais leurs mouvements doivent y être plus lents, pour la même dépense de force et les mêmes proportions musculaires. Avec des chairs un peu moins denses, ils doivent flotter sans effort à la surface des eaux, mais sans s'y mouvoir avec rapidité. Tout doit être lent chez le monde animal de Jupiter.

Mais le monde végétal peut y acquérir un développement prodigieux. Les arbres des forêts ont peut-être plusieurs fois les dimensions des nôtres, avec des fleurs géantes, des fruits énormes. Nos graminées y sont peut-être des bambous; nos champignons, des pavillons pouvant abriter des foules d'animaux aux proportions réduites.

La chaleur, toutefois, et surtout la lumière, doivent faire défaut à ce monde, où, faute de chlorophylle, nos vertes frondaisons sont absentes. Les belles colorations si riches de Mars ne sauraient sans doute s'y produire. Ce doit être une nature sombre et grise; pâlote comme celle qui vient dans les caves; un monde chlorotique.

Du reste, nous ne savons pas du tout s'il existe dans Jupiter des continents émergés, et toute la végétation peut y être marine.

Mais à quel état l'eau y peut-elle exister?

Si la surface de Jupiter ne reçoit pas d'autre chaleur que celle du Soleil, celle-ci y étant 25 fois moindre que sur la Terre, toute l'eau y serait à

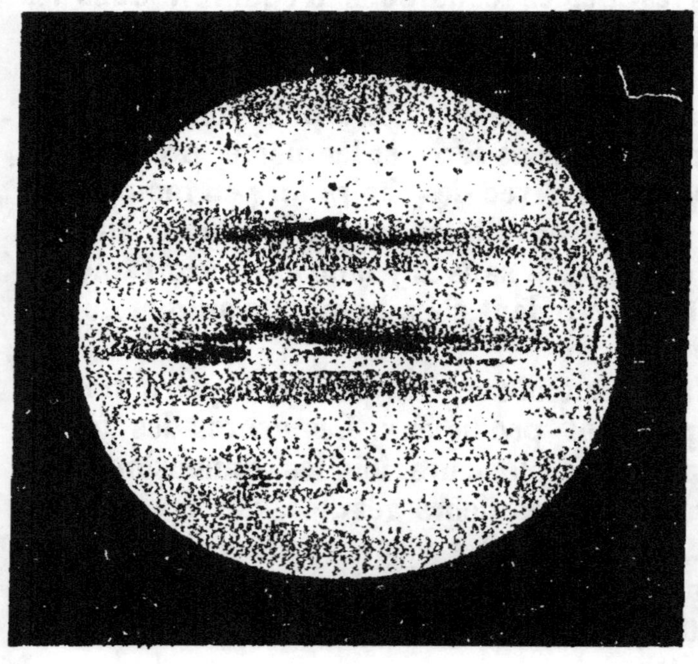

Fig. 5. — Jupiter, 13 août 1867.

l'état de glace, et sous la pression d'une pesante atmosphère, l'évaporation serait nulle. Comment expliquer alors les vapeurs, les couches continues de nuages qui l'enveloppent de leurs zones régulièrement striées, parallèlement à son équateur?

Mais si Jupiter produit une quantité de chaleur proportionnelle à sa masse, cette chaleur doit suffire à maintenir cette masse à l'état de fusion, sauf peut-être une mince enveloppe solide, maintenue à une température élevée par la chaleur intérieure. La lumière manquerait donc dans Jupiter, mais sous un jour diffus et pâle, tamisé par ses nuées, la température y serait au contraire celle d'une serre-chaude. Ses mers elles-mêmes seraient tièdes, et leur évaporation considérable expliquerait l'existence de cette perpétuelle couche de nuages qui l'enveloppe, et qui, en s'opposant au rayonnement nocturne, dans l'éther froid, lui feraient des nuits très douces, à peine plus fraîches que ses jours.

Cette température estivale constante permettrait l'énorme développement de sa végétation et fournirait amplement à la dépense d'énergie vitale de ses populations animales, obligées de lutter contre l'obstacle d'une pesanteur plus considérable.

Le monde de Saturne doit avoir beaucoup d'analogies avec celui de Jupiter. Toutefois, le rayonnement solaire y étant encore beaucoup plus faible ($1/81$ de ce qu'il est sur la Terre) et la masse de Saturne étant plus petite que celle de Jupiter (dans le rapport de $91,919$ à $309,816$), toutes choses égales d'ailleurs, la température doit y être moins élevée. Le froid est sans doute intense sur Saturne, peut-être moins, cependant, que sur les pôles de Mars et même de la Terre, si la chaleur intérieure, suffisante pour entretenir à l'état de fusion presque toute sa masse, communique à sa mince croûte solide une température assez élevée pour maintenir à sa surface la liquidité permanente de ses océans, et fournir même à leur abondante évaporation. C'est ce qui pourrait expliquer, comme sur Jupiter, l'existence d'une atmosphère nuageuse, et réfléchissante, épaisse et agitée de courants réguliers, parallèles à son équateur, déterminés, comme sur Jupiter, par la rotation rapide de la planète, qui tourne sur elle-même en dix heures un quart. Chaque point de l'équateur de Saturne est donc animé d'une vitesse près de vingt-deux fois plus grande que les points équatoriaux de la terre. Dans une atmosphère beaucoup plus élevée, les vents alizés y seraient beaucoup plus violents, si, comme chez nous, la seule source de la chaleur y était le rayonnement solaire. Mais si une grande partie de la chaleur de Saturne provient du rayonnement du sol, et, par conséquent, est sensiblement égale sur toutes ses zones, les courants atmosphériques ne doivent y avoir ni la même direction ni la même intensité. Mais, en outre de la faible action exercée sur ces courants par la variation du rayonnement solaire, provenant de l'inclinaison de l'équateur de Saturne sur son orbite, la variation d'intensité de la force centrifuge, développée par la rotation, doit agir progressivement des pôles à l'équateur pour soulever les couches équatoriales de l'atmosphère, et déterminer ainsi des pôles vers l'équateur des courants inférieurs de ses couches plus denses.

Lors même que la pesanteur sur Saturne à

l'équateur ne serait, comme on dit, que 0,892 de son intensité sur la terre, il suffirait de l'épaisseur considérable de son atmosphère pour que l'ébullition de l'eau ne s'y produisît qu'à une température élevée, voisine de son

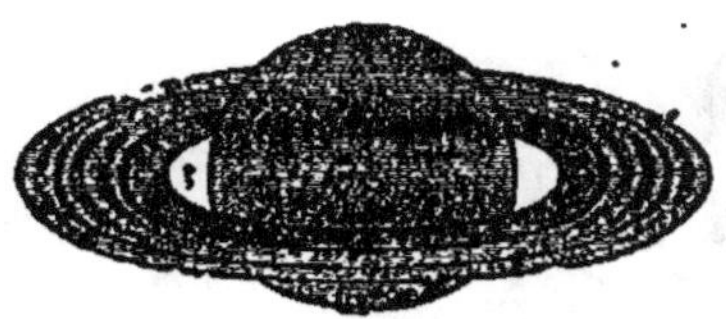

Fig. 6. — Saturne.

point d'ébullition sur la Terre. Si, au contraire, la pesanteur y était plus grande, comme cela résulterait d'une autre théorie, la température d'ébullition de l'eau serait beaucoup plus élevée, sous une pression beaucoup plus forte; mais l'évaporation lente resterait active, soit sous l'influence de la chaleur propre du sol, soit aussi par l'effet des vents violents causés par la rotation si rapide de la planète. En tous cas, la force centrifuge à l'équateur doit être considérable, y hâter l'évaporation et abaisser beaucoup le point d'ébullition de l'eau.

Par suite de la force centrifuge développée par la rotation si rapide de ce monde, son aplatissement est considérable et dépasse un neuvième de son diamètre équatorial. Celui de Jupiter n'est que de un dix-septième. Cependant la force centrifuge est beaucoup plus considérable sur Jupiter, puisque son cercle équatorial de rayon plus grand, dans le rapport de 11 à 9, achève sa rotation dans un temps plus court d'un quart d'heure. Mais, sur Jupiter, la force centrifuge doit triompher d'une pesanteur plus grande.

Les conditions de la vie dans Saturne sont

donc très analogues à ce qu'elles sont dans Jupiter. Mais la forte inclinaison de son équateur sur son orbite y rend les saisons beaucoup plus variables et plus extrêmes, et, en moyenne, beaucoup plus froides, par suite du plus grand éloignement du Soleil, que sa chaleur interne,

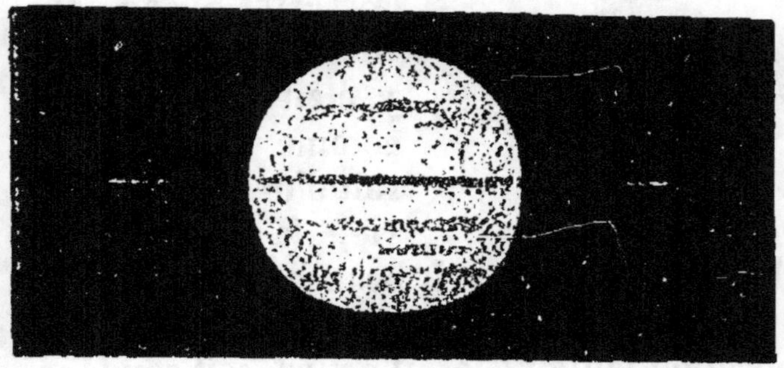

Fig. 7. — Saturne, 23 janvier 1849.

plus petite, ne peut compenser. Sous un jour toujours diffus, sans rayons directs, la végétation plus pauvre, sous une température moyenne plus basse, ne peut avoir qu'un coloris plus effacé, plus terne et plus monotone. Cependant, il faut à cet égard faire quelques réserves, depuis qu'on a constaté les vives couleurs des animaux des mers profondes, qui vivent dans les milieux où ne pénétra jamais la lumière solaire. La nature possède, à cet égard, des ressources que nous ne pouvons prévoir, et qui viennent à chaque instant démentir nos systèmes.

Les proportions du monde animal peuvent être plus grandes dans Saturne que dans Jupiter, et leurs mouvements moins lents, les efforts musculaires y dépensant moins d'énergie. La population marine, surtout, peut y être puissante.

L'aviation y est moins pénible, pour des masses plus grandes, dans une atmosphère très dense.

Mais l'originalité du monde de Saturne, c'est surtout la présence de son anneau, qui l'entoure presque parallèlement à son équateur et dont l'immense arcade doit s'étendre, à toutes les latitudes, au-dessus de l'horizon, comme un perpétuel arc-en-ciel d'une prodigieuse grandeur, tantôt projetant son ombre sur la planète, et tantôt lui renvoyant les rayons du Soleil, réfléchis comme par un vaste miroir d'argent.

De quelle nature est cet anneau? Certains astronomes veulent aujourd'hui qu'il ne soit pas formé de matériaux solides continus et cohé-

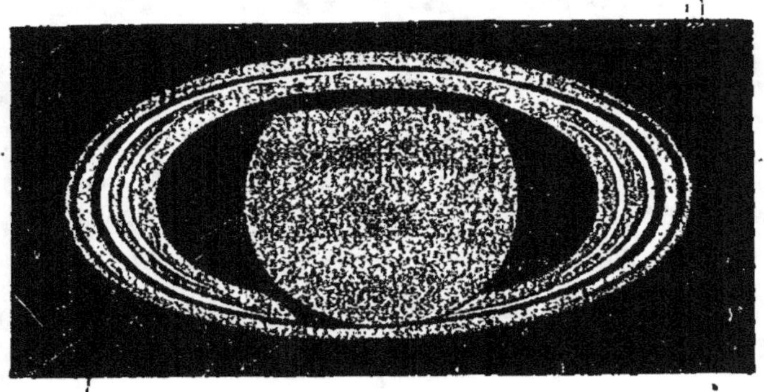

Fig. 8. — Saturne, 8 mai 1868.

rents, mais de petites granulations gravitant chacune librement dans des orbites très voisines et très enchevêtrées. Cela paraît être une réduction à l'absurde de l'hypothèse, très satisfaisante en certaines limites, des anneaux de météorites, et des queues de comètes. C'est une mode, un courant d'opinion qui emporte les esprits imitatifs; parce qu'on a expliqué plusieurs

phénomènes par cette hypothèse des granulations cosmiques, on veut en mettre partout. En
ce qui concerne l'anneau de Saturne cela ne supporte pas la discussion. La parfaite cohérence
de ses éléments constituants peut seule expliquer
son équilibre stable et persistant. La plus simple

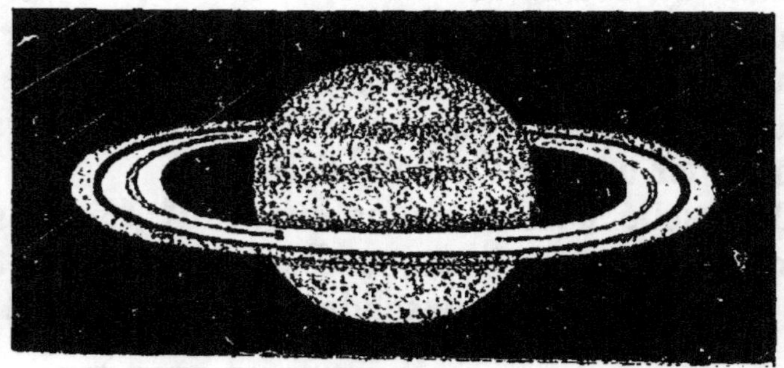

Fig 9. — Saturne, 10 octobre 1850.

hypothèse, c'est qu'il est constitué d'eau à l'état
de glace, ou de quelque corps analogue, comme
l'acide carbonique, pouvant passer à l'état solide à une température assez voisine de zéro.
Il pourrait être constitué de mercure solide, au
moins en partie.

Cet anneau n'est pas simple, mais au moins
double. Ce sont deux anneaux distincts, entre
lesquels semble exister un vide sombre. D'aucuns ont prétendu avoir vu le disque de la planète à travers cet intervalle également annulaire. Les deux anneaux semblent parfois changer d'aspect et même de dimensions, comme s'ils
se fondaient partiellement. Leurs propriétés op-
tiques ne sont pas absolument constantes. Ils ne
réfléchissent pas toujours également la lumière.

Ils se comportent comme des corps qui, sous l'influence de la chaleur ou de la lumière, fondent partiellement, puis reprennent leur état solide quand la température ambiante s'abaisse. Il semble que Saturne ait dans ses anneaux des glaciers d'une forme particulière. Comme ces anneaux reçoivent constamment la lumière solaire d'un côté, tandis que l'autre côté reste dans l'ombre, n'est-il pas naturel de supposer qu'ils se congèlent du côté obscur pendant qu'ils se liquéfient du côté éclairé et échauffé, de façon à ce que leur masse et leur grosseur restent constantes, et à ce que leur tranche solide, persiste dans un état moyen qui maintient leur équilibre.

Quelles nuits splendides doit avoir ce monde, éclairé par son arc d'argent, au delà duquel cir-

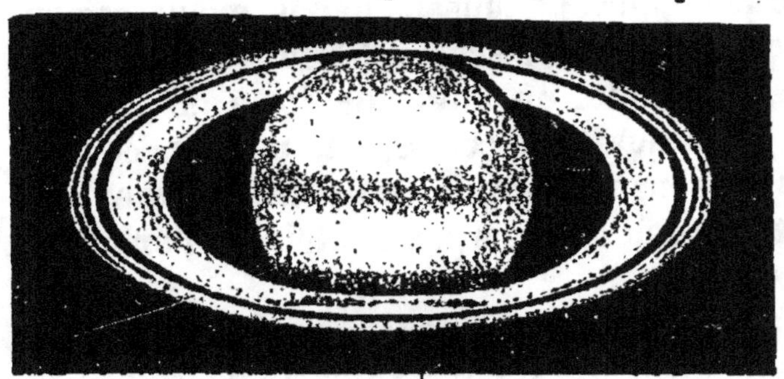

Fig. 10. — Saturne, 27 novembre 1855.

culent huit Lunes pareilles à la nôtre plus grandes ou plus petites et dont plusieurs sont beaucoup plus rapprochées. Seulement, on se demande si Saturne les voit, ces merveilles, à travers les brumes perpétuelles de son ciel, sous l'épais voile de nuées qui nous cachent constamment sa surface et en dérobent à nos plus puissants instruments le véritable aspect. Quel dommage si de pareilles merveilles étaient sans spectateurs!

Mais ce devait aussi être un merveilleux tableau que celui de notre terre aux âges où végétaient les grandes forêts carbonifères, qui n'ont jamais eu pour témoins que de stupides mollusques et à peine quelques reptiles. Il y a là de quoi désespérer les cause-finaliers socratiques.

Au delà de Saturne, le monde d'Uranus nous est déjà bien mal connu. C'est du mouvement de ses satellites que nous induisons la probabilité de sa rotation dans une période, probablement courte, mais dont nous ignorons la durée exacte.

Nous supposons aussi, par la même raison, que cette rotation s'accomplit dans un plan qui fait avec l'orbite un angle de 97° à 98°, ou de plus d'un quart de cercle, et, par conséquent, dans un sens rétrograde, mais que, plus exactement, on doit dire perpendiculaire à l'orbite de translation.

L'axe d'Uranus est couché sur son orbite, et ses satellites, durant deux quarts de sa révolution autour du Soleil, qui ne s'achève qu'en 84 ans, décrivent, autour de cette orbite, des tours de spires semblables à ceux d'un électro-aimant, et presque aussi serrés; puisque tous accomplissent autour de leur planète leur révolution en de courtes périodes qui varient de 1 à 13 jours. Ils en accomplissent donc un nombre prodigieux dans une année d'Uranus de 84 ans.

La masse d'Uranus, qui n'est que 13 fois plus grande que celle de la terre, ne peut produire beaucoup de chaleur et le Soleil lui en envoie près de 400 fois moins qu'à la Terre. La vie est-elle possible en ces conditions? C'est une question qui, pour le moment, reste sans réponse. Pourtant la vie, même en ces conditions, semble probable.

Nos régions polaires sont habitées, et, chose étrange, qui semble contraire à toutes les prévisions, elles sont surtout habitées par des types aussi élevés que les oiseaux. C'est que justement l'organisme de l'oiseau est celui qui produit le plus de chaleur et aussi celui qui en dépense le plus dans son vol. Des oiseaux, des poissons constituent presque toute la population des régions polaires, où les formes plus infimes de la vie animale se font rares. La baleine pisciforme, aux flancs bardés de graisse, y représente presque seule le type des mammifères. Cette population polaire nous représente peut-être celle d'Uranus et celle de Neptune, encore perdu plus loin dans les profondeurs du ciel, à une distance où même les astronomes le devinent, plutôt qu'ils ne le voient, et où le Soleil ne lui envoie que $1/900^{me}$ de la chaleur qu'il nous donne. La masse de Neptune, plus forte que celle d'Uranus, et 16 fois celle de la Terre, peut, il est vrai, lui fournir plus de chaleur. Mais quelle lumière peut donner un Soleil dont le diamètre parait $1/30$ du nôtre, et sous-tend dans le ciel un arc d'environ 1 minute, à peu près autant que Vénus dans notre ciel?

La pesanteur est faible dans ces deux mondes lointains qui ne peuvent être chauffés que par leur fournaise intérieure. Dans leurs mers livides, baignées à peine d'une lueur d'aube par leurs pâles satellites, plus gros que le Soleil en apparence, et que maintient seulement liquide la chaleur du foyer souterrain, quelles populations vivent et se multiplient?

C'est peut-être l'empire de l'aviation, le monde des être ailés, la patrie d'énormes griffons, tel que celui que l'Arioste fait chevaucher par ses héros; d'élégants Pégases, qui ne peuvent offrir leurs dos à aucun poète; des chimères aux pieds crochus, des harpies, dont nos ptérodactyles géologiques semblent avoir fourni le type aux légendes, des oiseaux à l'envergure immense, capables de retenir dans leurs griffes, pour s'en repaître, des baleines ou des mastodontes marins, flottant sur les eaux, avec tous ces monstrueux reptiles que notre Terre a connus aux époques anciennes et qui ont disparu, vaincus par la concurrence d'êtres plus fins, plus délicats, mais supérieurs par l'intelligence ou simplement par l'agilité.

Si l'on songe à tout ce que la terre des premiers âges a pu enfanter de monstrueux, on peut se faire quelque idée de ce que la nature peut produire dans ces mondes lointains, plus grands que le nôtre, où toutes les proportions des choses sont changées, augmentées, ou diminuées, donnant des résultats tout différents dans l'équilibre des forces en lutte.

Quant à ces petites planètes qui gravitent,

comme un troupeau, entre Mars et Jupiter, quelles conditions de vie différentes et variées doivent-elles présenter? Certaines d'entre elles sont grosses comme des Lunes et des satellites de Jupiter; d'autres ont à peine une centaine de kilomètres de diamètre. Les unes sont régulièrement sphériques, d'autres de formes irrégulières, comme de gros rochers qui flotteraient dans l'espace, épaves de mondes détruits, ou fragments de futurs Soleils. Aucune de ces petites masses ne peut produire assez de chaleur pour arriver à l'état de fusion, ni même de ramollissement; et depuis longtemps elles sont refroidies. Certaines pourtant ont une atmosphère. Elles sont peut-être tout atmosphère, lambeau d'atmosphère de quelque ancien monde brisé.

D'ailleurs, avec une pesanteur presque nulle et une pression encore plus faible, si ces petits corps renferment de l'eau, elle doit passer complètement à l'état de vapeur, non par ébullition, mais par évaporation spontanée. Il est donc difficile de concevoir comment la vie pourrait se développer sur ces fragments de mondes, qui n'ont pas même l'utilité d'être un ornement du système solaire, où leur existence a été si longtemps ignorée, et où ils ne peuvent réclamer une place parmi ces grands luminaires que les dieux auraient créés tout exprès pour donner de la lumière aux hommes, venus fortuitement sur la terre, des myriades de siècles après les lampes qu'un dieu prévoyant aurait imaginé d'allumer pour eux.

VII

LES SATELLITES

Chacune de nos grosses planètes est un petit système solaire réduit, et le foyer commun des orbites elliptiques des corps qui gravitent autour d'elles. Chaque planète a ainsi ses satellites, dont nous ne connaissons que les plus gros.

Il existe certainement des corps qui gravitent autour de Mercure et de Vénus; mais ils nous échappent par leur petitesse. Ces planètes ont certainement aussi leurs étoiles filantes et leurs bolides, d'autant plus nombreux même, sans doute, qu'étant plus près du Soleil son voisinage rend plus dense le semis des petits corps entraînés dans sa sphère d'action.

Si Mercure et Vénus n'ont pas de satellites assez volumineux pour avoir été observés, c'est qu'à leurs petites distances du Soleil des masses, assez grosses et assez éloignées de leur surface pour être visibles, seraient captées par le Soleil.

En effet, pour qu'un satellite reste dans la sphère d'action de sa planète, sans être entraîné dans celle de son soleil central, il faut que le rapport de la masse de la planète au carré de

la distance de son satellite, soit plus grand que
le rapport de la masse du Soleil central au
carré de la distance de la planète, qui est la
distance moyenne du satellite au Soleil.

$$\text{Soit } \frac{m}{d^2} > \frac{M}{D^2}$$

Pour que des satellites restent attachés aux
flancs de Vénus et de Mercure, ils devraient
donc graviter à de très petites distances de ces
corps. Si un tel équilibre peut persister une
fois qu'il est établi, il est difficile à établir ;
parce qu'une fois un corps en mouvement, à de
si petites distances du Soleil, il aurait toutes
chances d'être capté dans sa sphère d'action,
plutôt que de rester enchaîné dans celle de la
planète.

Un simple calcul des probabilités suffit donc
à expliquer l'absence des satellites de quelque
importance autour des deux planètes les plus
intérieures de notre système.

La Terre a pour compagne notre Lune, aima-
ble suivante de notre monde qui fait le charme
de nos nuits.

Le rayon de la Lune, ou son diamètre, est
seulement $\frac{273}{1000}$ soit du rayon, soit du diamètre de la Terre. Sa masse est évaluée seulement
aux $\frac{13}{1000}$; et sa densité à $\frac{615}{1000}$; évaluations sans
doute très approximatives.

La partie de la surface de la Lune, toujours
la même, qu'elle nous montre, est hérissée de

Fig. 11. — Photographie lunaire obtenue à l'Observatoire de Paris, le 14 février 1894.

chaînes de montagnes, qui, relativement à son diamètre, sont beaucoup plus élevées que les nôtres, et surtout de groupes de vastes cratères, prouvant qu'elle a été autrefois le théâtre d'une activité volcanique beaucoup plus énergique que celle qui a laissé ses traces sur notre globe. Tous ses volcans sont éteints. Jamais, de mémoire d'astronome, on n'a constaté l'apparence ou enregistré la tradition d'une éruption à sa surface. C'est un astre refroidi depuis longtemps. S'il s'y produit des changements, des phénomènes sismiques, ce sont des tassements, des écroulements, des glissements.

Sa faible densité moyenne, comparée à la densité probable des roches ignées de sa surface, imposent la supposition que la Lune est un astre creux, une écorce de monde vidé par son propre refroidissement, de sa surface à son centre.

Sa surface ne montre pas trace d'atmosphère. Si elle en possède quelque reste, sa hauteur ne dépasse pas celle de ses montagnes, et jamais on n'y aperçoit une apparence de nuages, même dans ses vallées ou ses plaines, improprement appelées mers sur les cartes séléniques. Il n'y a pas d'eau à la surface de la Lune. Elle pourrait avoir un océan intérieur dans sa cavité centrale, et là seulement pourraient vivre des êtres analogues à nous. Quant à sa surface, elle paraît déserte. La vie en est absente. On n'y constate ni changement de couleur, résultant d'une végétation, ni formation, ni fusion de neige.

Nous avons vu déjà que la révolution sidérale

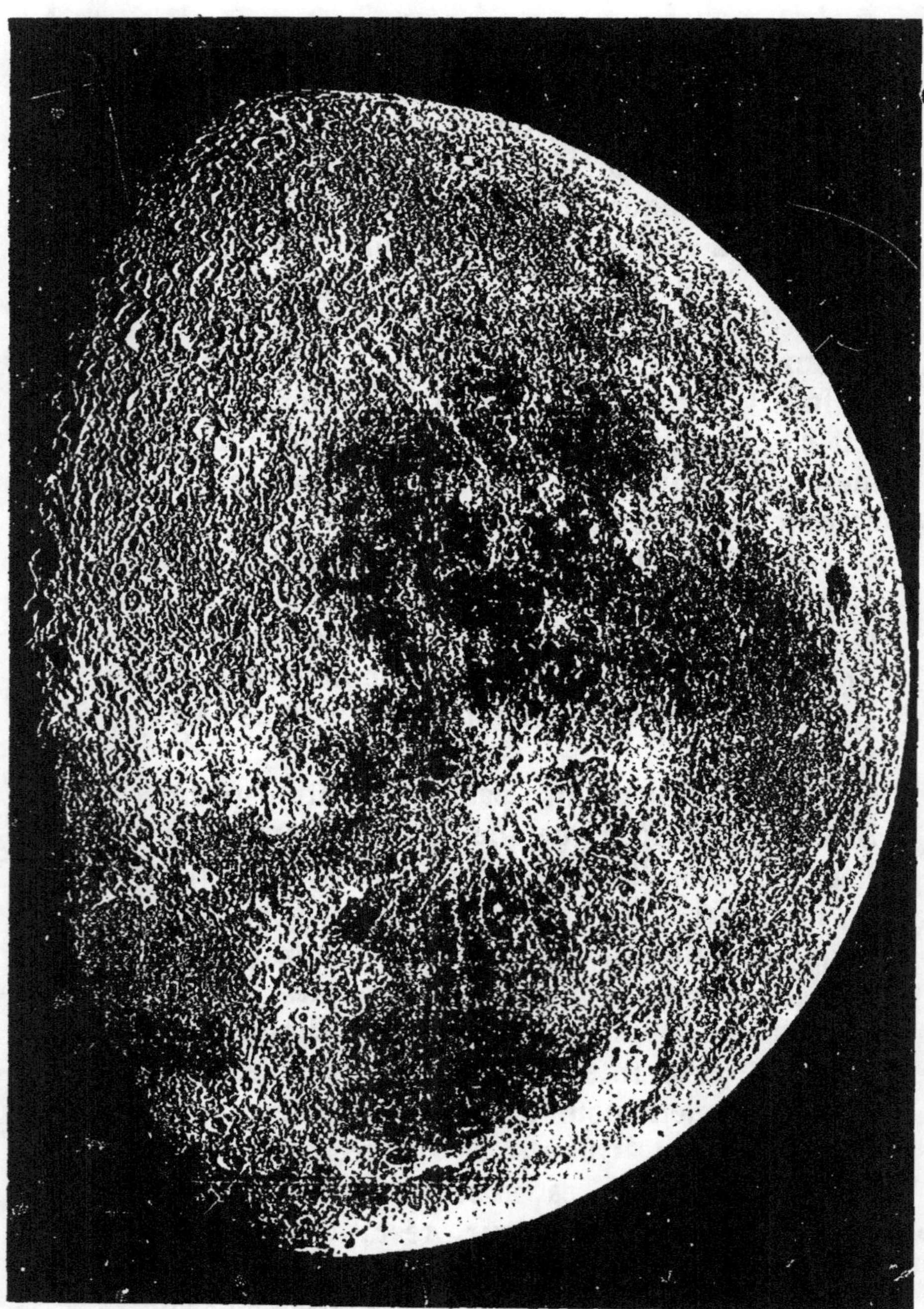

Fig. 12. — Photographie lunaire obtenue à l'Observatoire de Paris,
le 19 septembre 1894.

de la Lune dans son orbite, autour de la Terre, s'opère en 27 jours 7 h. 43 m. et sa révolution synodique, qui la ramène dans un même plan entre la Terre et le Soleil, est de 29 jours 12h. 43m.

Sa rotation sur elle-même étant égale en durée à sa révolution sidérale, la Lune présente toujours à la Terre la même moitié de sa surface. Nous ne voyons donc toujours que cette même moitié, sauf un petit mouvement de balancement ou de *libration* qui nous permet d'en connaître à peu près les cinq-huitièmes.

Dans le ciel lunaire, du côté qui regarde la Terre, celle-ci est donc presque constamment au méridien, ou, du moins, ne s'en éloigne jamais que d'un petit nombre de degrés. Elle culmine constamment, comme un globe énorme, dont le diamètre apparent est 3,66 fois celui de la Lune pour nous et dont la surface est 13 fois plus grande. Le globe terrestre, dans le ciel de la Lune, sous-tend un angle de presque 2°, tandis que la Lune et le Soleil ne sous-tendent dans notre ciel qu'un demi-degré environ.

La Terre, vue de la Lune, a les mêmes phases que la Lune vue de la Terre; mais les jours lunaires étant de 29,5 de nos jours, durant lesquels la Lune tourne une fois sur elle-même devant le Soleil, chacun de ses hémisphères est alternativement éclairé par le Soleil pendant quatorze jours, avec des nuits d'égale durée. Quand, sur la terre, nous avons pleine Lune, l'hémisphère de la Lune qui nous regarde est à son midi, avec *nouvelle terre*, et voit, dans son ciel, l'énorme boule terrestre se détacher, comme un disque noir, sur le ciel, plus ou moins près du Soleil, souvent complètement éclipsé; la plus faible éclipse partielle de Lune devenant, sur tous les points obscurcis de la Lune, une éclipse totale de Soleil. Réciproquement, quand, sur la Terre, nous avons nouvelle Lune, le même hémisphère lunaire, qui est alors dans l'obscurité nocturne, jouit du spectacle d'une *pleine terre* et voit notre énorme globe terrestre resplendir, au milieu de son ciel, d'une magnifique clarté blanche et argentée, réfléchie par ses mers et son atmosphère, et seulement un peu plus sombre sur nos continents.

Mais, pendant tout ce temps, l'autre hémisphère lunaire, qui, également, a eu son jour et sa nuit, nous ignore. Il est condamné à ne jamais voir la Terre à laquelle il tourne toujours le dos.

Comme enfin la Lune n'a pas d'atmosphère absorbante, qui adoucisse l'ardeur du rayonnement solaire le jour et atténue le refroidissement nocturne, alternativement, dans la durée d'un jour, de la Lune, qui est aussi son année, chaque hémisphère lunaire passe par les extrêmes d'une chaleur plus que torride et d'un froid plus que polaire. En plein midi lunaire, quand le sol est échauffé depuis sept jours, ou mieux encore à la fin d'un long jour d'un demi-mois, la surface de la Lune doit brûler comme la sole d'un four; et, à la fin de ses nuits, elle doit descendre, non pas à notre 0° du thermomètre, mais presque au 0 absolu, à — 273°, c'est-à-dire au froid de l'éther intercosmique.

Fig. 13. — Photographie lunaire obtenue à l'Observatoire de Paris,
le 7 mars 1897.

Ce n'est donc pas un doux rêve que d'aller habiter la Lune.

Si nous sommes assez mal lotis sur la terre, avec des saisons changeantes, capricieuses ou extrêmes, encore sommes-nous mieux que sur notre satellite, où il serait assez logique de placer le purgatoire, sinon l'enfer.

Si nous voyons, de la terre, à peu près les cinq huitièmes de la surface de la Lune, au lieu d'en voir seulement la moitié, c'est que, l'orbite lunaire étant très excentrique, la distance de la Lune à la Terre varie de 64 rayons de la Terre à l'apogée, à 56 au périgée. De la seconde loi de Képler, sur la proportionnalité des aires aux temps, il résulte que lorsque la distance de la Lune est maximum elle va moins vite dans son orbite et sa vitesse de rotation l'emporte sur sa vitesse de translation; réciproquement, au périgée, à la distance minimum, c'est la vitesse de translation qui l'emporte sur la vitesse de révolution. En sorte que la Lune, vue de la Terre, paraît s'incliner tantôt à droite, tantôt à gauche et osciller d'un mouvement de pendule, autour de celui de ses diamètres qui est normal à la surface de la Terre.

Mars, la planète qui suit la nôtre, en partant du Soleil, a deux satellites, dont le mouvement de révolution est extrêmement rapide.

Voici, avec leurs distances du centre de la planète et en rayons de la Terre, de 6371 kilomètres, les durées de leurs révolutions.

Le premier satellite de Mars est donc beaucoup plus rapproché de lui que la Lune ne l'est de la Terre ; dans le rapport de 1,46 à 60, en valeur absolue; et le rapport de sa distance au rayon de Mars est au rapport de la distance de la Lune au rayon de la terre comme 2,77 est à 60. De toutes façons, le premier satellite de Mars en est donc rapproché d'une façon menaçante, et bien qu'il soit très petit, il doit paraître beaucoup plus gros que la Lune dans le ciel des Martiens.

Noms des Satellites	Distances en rayons de Mars	Distances en rayons de la Terre	Durée des révolutions en jours moyens
Phobos...........	2,77	1,46256	o j. 7 h. 39" 55',1
Deimos...........	6,92	3,65376	1 j. 6 h. 17" 53'

De plus, sa révolution est si rapide, relativement à la rotation de la planète qui est de 23 h. 56 m., c'est-à-dire d'une heure seulement plus courte que celle de la Terre, que chacun des méridiens de Mars voit passer Phobos presque trois fois par jour.

Deimos, satellite beaucoup plus calme d'allure, plus éloigné, mais beaucoup plus gros, ne passe à chaque méridien que quatre fois en cinq jours martiens. Néanmoins, comme sa distance à Mars est à celle de notre Lune comme 3,65 est à 60, il doit montrer aux Martiens un globe de dimensions énormes:

Ces deux lunes de Mars lui rendent pendant ses nuits un peu de la lumière dont le Soleil est avare pour lui durant ces jours, mais ne lui en rendent pas la chaleur.

Jupiter a cinq satellites, dont les quatre plus gros et les plus éloignés ont été découverts par Galilée, dès 1610. Un cinquième, beaucoup plus petit et le plus intérieur, n'a été découvert que tout récemment (1892) par M. Barnard.

Voici leurs distances, les durées de leurs révolutions et leurs masses qui ont pu être calculées par M. Damoiseau.

Noms	Distances en rayons de Jupiter	Distances en rayons terrestres	Durées des révolutions en jours moyens	Masses en fonction de celle de Jupiter
V...........	2,55	28,2	0 j. 11 h. 57' 22'' 68	....
1o..........	5,933	65,6	1 j. 18 h. 27' 33'' 51	0,0000168877
Europe...	9,439	104,0	3 j. 13 h. 13' 42'' 05	0,0000232227
Ganymède	15,057	166,0	7 j. 3 h. 42' 33'' 39	0,0000884357
Calliste...	26,486	292,9	16 j. 16 h. 32' 11'' 20	0,0000424475

Aucun des satellites de Jupiter n'a donc, comme le premier de Mars, une révolution plus courte en durée que sa rotation; mais la révolution de son petit satellite intérieur n'est que de 2 à 3 heures plus longue. Il doit donc suivre presque le mouvement de la planète en retardant un peu sur lui.

Si l'égalité de mouvement existait, il resterait toujours culminant sur le même méridien et les autres ne le verraient jamais, comme un côté de la Lune voit toujours la Terre; mais ce serait par une combinaison inverse des mouvements.

Le second satellite de Jupiter n'est qu'un peu plus éloigné de lui que notre Lune ne l'est de nous ; et, comme il est plus petit, dans la proportion des 5/13, il paraît beaucoup moins grand sur l'horizon de la planète. Le troisième environ cinq fois plus gros, et plus du double de la Lune, étant plus de deux fois plus éloigné, doit encore paraître plus petit ; et le quatrième, moitié plus petit que le troisième et presque deux fois plus éloigné, doit encore paraître quatre fois plus petit en diamètre.

Les quatre Lunes de Jupiter, bien qu'étant plus fréquemment sur son horizon, ne lui donnent donc, en somme, pas beaucoup plus de lumière que notre Lune terrestre, mais plus également répartie, car il en a presque toujours plusieurs à la fois dans son ciel. Le premier, seulement, que nous avons été si longtemps à découvrir, étant 10 fois plus rapproché de lui que la Lune de nous, malgré sa petitesse, lui donne plus de lumière que tous les autres.

Les orbites des satellites de Jupiter étant peu inclinées sur l'orbite de la planète, et celle-ci l'étant aussi très peu sur l'écliptique, ces petits astres sont occultés pour nous, derrière leur planète, presque à chacune de leurs révolutions, et sont aussi éclipsés pour Jupiter en passant dans son cône d'ombre par rapport au Soleil. Le premier, surtout, ne cesse guère d'être caché pour nous derrière Jupiter, que pour se projeter sur lui, et comme alors il brille en général du même éclat, il est très rare de l'apercevoir ; puisque même lorsqu'il se projette sur le ciel, d'un côté ou de l'autre de la planète, il en est si près qu'il se détache à peine de ses bords. C'est seulement lorsque Jupiter est en quadrature que ce petit point lumineux devient visible en se projetant sur la partie de Jupiter qui, pour nous, n'est pas éclairée.

Saturne est accompagné d'un cortège de huit satellites, mais beaucoup plus petits que ceux de Jupiter.

Voici leurs noms, leurs distances, la durée de leurs révolutions et leurs masses, en fonctions de celles de Saturne.

Noms	Distances en rayons de Saturne	Distances en rayons de la terre	Durée des révolutions en jours moyens	Masses
Mimas	3,10	28,8	0 j. 22 h. 37' 5" 1	0,00000000
Encelade......	3,98	37,0	1 j. 8 h. 53' 7" 0	0,00000025
Téthis........	4,93	46,8	1 j. 21 h. 18'20" 0	0,00000130
Dioné.	6,31	57,7	2 j. 17 h. 41' 9",4	0,00000189
Rhéa........	8,83	82,0	4 j. 12 h. 25'11",8	0,0000050
Titan.........	20,45	190,2	15 j. 22 h. 41'22".3	0,00021277
Hypérion....	25,07	233,1	11 j. 6 h. 39'27",0	....
Japet........	59,58	554,0	79 j. 7 h. 54'17",0	0,00001000

La révolution de Saturne, comme celle de Jupiter, est plus courte que la révolution de tous ses satellites; cependant, le premier passe presque tous les deux jours (de Saturne) à chaque méridien. Titan, le sixième, est plus gros que la Lune; mais comme il est trois fois plus éloigné, il doit paraître plus petit.

La particularité la plus curieuse du monde de Saturne, c'est l'immense anneau qui l'entoure, presque dans le plan de son équateur, et dont nous avons déjà parlé.

Cet anneau qui, vu de la terre, paraît plan et si mince qu'on l'aperçoit à peine, comme une ligne lumineuse, ou sombre, quand il est dans le plan de l'écliptique, a cependant plus de 6.000 kilomètres d'épaisseur, presque la longueur d'un rayon de la Terre. La largeur du double anneau est de 45. 672 kil. Son diamètre total est de 284.696 kil. Celui de la planète étant de 108.487 kil., l'espace vide entre sa surface et la circonférence de l'anneau a une largeur de 88.104 kil. C'est presque sept fois le diamètre de la Terre, qui pourrait circuler entre Saturne et son anneau sans toucher ni à l'un ni à l'autre, et il resterait encore des deux côtés de notre globe des espaces d'une largeur égale à trois fois son diamètre. L'anneau de Saturne doit donc s'y projeter sur le ciel, comme une arche immense, laissant voir une grande partie du ciel, par la large ouverture de son cintre.

On ne connaît à Uranus que quatre satellites, mais il se peut qu'il en ait bien davantage. Plus une planète est éloignée de son soleil, plus elle a de chances de retenir autour d'elle les corps qui se trouvent passer dans sa sphère d'action.

Voici les noms, distances et durées des révolutions de ces quatre corps. On n'a pas encore calculé leurs masses. On ignore la durée de la

Noms	Distances en rayons d'Uranus	Distances en rayons de la Terre	Durées des révolutions en jours moyens
Ariel............	7,04	29,8	2 j. 11 h. 29'21'',1
Umbriel.........	9.91	41,6	4 j. 3 h. 27'37'',2
Titania	16,11	68,2	8 j. 16 h. 56'29'',5
Obéron.........	21,64	91,2	13 j. 11 h. 7' 6'',4

rotation d'Uranus, mais celle des révolutions de ses satellites autorise à penser qu'elle est aussi très rapide. J'ai déjà signalé l'inclinaison considérable, et tout à fait insolite, des orbites des satellites d'Uranus, probablement presque parallèles à son équateur, sur le plan de l'écliptique. Cette inclinaison, qui varie seulement entre 96° et 97°, ne peut être beaucoup moindre sur l'orbite de la planète, inclinée sur l'écliptique de 0° 46' 20'' seulement. De cette inclinaison résulte que les mouvements des satellites d'Uranus, et probablement son mouvement de rotation, se font en sens rétrograde de tous les autres mouvements du système que nous avons étudiés jusqu'ici.

C'est un des faits qui ont ébranlé l'hypothèse de Laplace, avec le sens également rétrograde du seul satellite connu de Neptune, dont l'orbite est inclinée sur l'écliptique de 142°40'.

Sa distance à Uranus, en rayons de la planète, est de 14,73 ou 550,9 en rayons terrestres. La révolution s'accomplit en 5j. 21 h. 2 m. 38 s.,4.

Cette dernière valeur permet d'attribuer à la

révolution de Neptune une durée plus longue que celle de Saturne, et même d'Uranus.

Tous les satellites des diverses planètes ont, comme la Lune, leurs révolutions de la ligne des absides et de la ligne des nœuds qui s'accomplissent dans des périodes de temps plus ou moins longues, et qui dépendent des actions réciproques de tous les corps du système.

Un fait curieux à signaler, c'est que la troisième loi de Képler, sur le rapport constant des carrés des temps aux cubes des grands axes des orbites, ne se vérifie pas entre les satellites.

Cette loi n'établissant qu'un simple rapport de rapports, eux-mêmes variables, s'applique exclusivement aux corps qui circulent autour d'un même astre central.

Mais dans les systèmes secondaires de satellites gravitant autour d'une même planète, ces petites masses, qui décrivent des orbites de petits rayons, réagissent les unes sur les autres à de faibles distances, amenant entre leurs mouvements des perturbations réciproques. Les plus petites s'approchent des plus grosses à chacune de leurs conjonctions et les astronomes qui les observent sont entraînés à considérer comme les périgées ou les apogées de leurs orbites des raccourcissements ou des élongations momentanés de leurs rayons vecteurs. Le rayon moyen de l'orbite des plus petits corps doit tendre, soit à s'agrandir, soit à diminuer, par suite de leurs conjonctions successives, selon que les plus gros sont situés dans des orbites enveloppantes ou enveloppées. Naturellement, leurs vitesses sont altérées, comme leurs routes. De sorte que, finalement, la loi de Képler ne peut plus se vérifier exactement entre eux, parce qu'elle présuppose les corps, entraînés autour d'un même foyer, libres d'obéir exclusivement à l'action d'une seule force centrale.

Aux perturbations causées par l'action réciproque des satellites, se joint l'action, également troublante, du corps central du système qui à chaque conjonction tend à éloigner le satellite de sa planète. Cette action troublante du corps central se fait sentir d'autant plus que le système secondaire en est plus voisin. Ainsi l'action troublante du Soleil se fait sentir sur les satellites de Jupiter, et surtout de Mars, bien plus que sur les satellites de Saturne et d'Uranus ; mais ceux-ci s'influencent réciproquement, et d'autant plus irrégulièrement qu'ils sont plus nombreux et, sinon plus gros, du moins plus rapprochés.

Quant à notre Lune, satellite unique de la Terre, elle échappe, par son isolement, à toute vérification de la loi de Képler ; puisque si nous pouvons établir le rapport du carré des temps de sa révolution au cube du grand axe de son orbite, il nous manque un autre rapport auquel nous puissions le comparer, entre la distance et le temps de révolution d'un autre corps tournant autour du même centre ; aucune comparaison n'étant possible entre les conditions du mouvement des planètes autour du Soleil et celles des corps qui tournent autour de chacune de ces planètes, puisque les forces centrales ne sont plus les mêmes. Mais la Terre aurait d'autres satellites, que très probablement, nous constaterions que la loi de Képler est troublée, en ce qui les concerne, par le voisinage du Soleil, à chacune de leurs conjonctions avec lui.

Nous verrons plus loin que les satellites peuvent subir de ce fait une accélération de leur mouvement, qui doit, à la longue, les rapprocher de leur planète, et, finalement, les faire tomber sur elle.

Au contraire, tous les faits connus tendent à faire considérer comme une loi, commune aux satellites, l'égale durée de leur rotation sur eux-mêmes et de leur translation autour de leur planète. L'analogie nous permet aussi de l'étendre aux systèmes où la vérification en est rendue impossible par leur éloignement. Ainsi nous ne connaissons pas la durée des rotations des satellites de Jupiter, de Saturne et d'Uranus; mais l'exemple de la Lune, et la constatation de la même relation pour les deux planètes intérieures, Vénus et Mercure, qui, par ce fait qu'elles n'ont pas de satellites, sont elles-mêmes des satellites du soleil, nous permet de croire qu'il s'agit d'une loi générale, dérivant de la nature des choses, entre un astre central et les corps, beaucoup plus petits, qui gravitent autour de lui, sans être eux-mêmes les foyers de gravitation d'autres corps.

Aucune loi nécessaire n'établit de rapports constants entre la grosseur des masses qui gravitent autour d'un astre central et leur distance à cet astre. Tout l'ordre même de notre système solaire, ou plutôt son désordre, en fournit la preuve. Mais on ne voit point de grosse masse gravitant autour de masses plus petites. Du fait même que deux corps sont en présence, animés tous les deux de vitesses perpendiculaires à la droite qui joint leurs centres, c'est fatalement la petite masse qui gravitera autour de la grosse, quel que soit du reste leur rapport. Seulement, si ce rapport est voisin de l'unité, le gros corps décrira, autour du foyer commun du système, une ellipse intérieure à celle que décrit le plus petit et dont le rayon sera au rayon de celle-ci justement dans le rapport inverse des deux masses. Le centre de gravité commun du système restera vide de matière.

Lors donc que deux petits corps inégaux gravitent dans des orbites très voisines, autour d'un autre beaucoup plus gros, il y a chance qu'à chaque conjonction le plus petit des trois se mette à graviter autour du corps moyen, surtout si celui-ci se trouve placé plus près du corps central.

Dans un système complexe, comme le nôtre, entraîné tout entier à la remorque d'une masse puissante, les satellites sont naturellement placés à de telles distances de leur planète, relativement à la distance de celle-ci et de leur soleil, que le rapport $\frac{m}{d^2}$ de la masse planétaire au carré de la distance de son satellite soit plus grand que le rapport $\frac{M}{D^2}$ de la masse du Soleil au carré de sa distance à sa planète, quand les trois corps se trouvent dans un même plan, en conjonction mutuelle, et surtout quand le satellite passe entre sa planète et le Soleil.

Autrement celui-ci quitterait sa planète, au moment où il se trouve sur la tangente de son orbite qui est perpendiculaire à la droite menée de sa planète au Soleil, et se mettrait à graviter autour de celui-ci.

On voit par là comment les petits corps peuvent avoir autant de satellites que les gros, mais toujours plus petits qu'eux-mêmes, et comment ceux-ci doivent graviter dans de très petites orbites, comme ceux de Mars, quelle que soit du reste leur masse absolue.

Tous les petits astres, n'ayant qu'une chaleur proportionnelle à leur masse, sont plus vite et plus complètement refroidis et solidifiés que les gros. Se solidifiant toujours de la surface au centre, leur croûte solide, trop épaisse, trop rigide et de trop petit rayon, ne peut suivre le retrait du noyau en fusion. Celui-ci, dans cette coque partiellement vide, tombe naturellement du côté où le sollicite la pesanteur.

Les petits corps, tels que les satellites et même les petites planètes, sont donc probablement des corps creux et lestés. C'est comme corps lestés qu'ils tournent toujours leur hémisphère le plus lourd vers leur astre central, du côté où ils tombent.

Cette loi de l'égalité de la rotation et de la translation serait donc générale pour tous les corps assez petits pour s'être refroidis complètement, comme notre Lune. Elle s'appliquerait même à Vénus, qui serait également lestée du côté du Soleil, et se comporterait ainsi comme un véritable satellite.

Mais par la même raison que les satellites lestés tournent leur hémisphère le plus lourd vers leur planète, et acquièrent ainsi une rotation égale en durée à leur révolution, de même, les satellites réagissent sur leur planète pour entraîner son hémisphère le plus lourd dans le sens de leur propre révolution.

Il y aurait ainsi une relation nécessaire entre la durée des révolutions des satellites et celle de la rotation de leur planète qui tendrait d'abord vers l'égalité.

Les faits montrent que cette égalité est dépassée; puisque, sauf l'exception de Mars, la durée des rotations de toutes les planètes est plus courte que celle de la révolution de leurs satellites. Mais cette relation des deux mouvements est mise en évidence par ce fait que plus les satellites d'une planète sont nombreux, gros et rapprochés, plus son mouvement se précipite, comme si chacun d'eux agissait avec une force constante pour ajouter à sa vitesse dans le sens de leur propre mouvement.

C'est ainsi que nous voyons Jupiter tourner sur lui-même en 9 heures et 55 minutes, dans un temps plus court que Saturne qui, beaucoup plus petit, ne tourne qu'en 10 heures 14 minutes; tandis que Mars, qui n'a que deux satellites, et la Terre, qui n'en a qu'un, ont des rotations de 24 heures. Vénus et Mercure, qui n'en ont pas, n'ont que des rotations égales à leurs révolutions.

VIII

LES COMÈTES

A travers notre système planétaire circulent
des astres étranges qui ont été de tous temps la
terreur des populations. Elles en ont toujours
interprété l'apparition comme le présage d'évé-
ments funestes. Même jusqu'à l'époque, toute récente, où leur nature a été mieux connue, des savants, tels que Buffon, les ont considérés comme
pouvant avoir déterminé la formation de notre
monde solaire, dans ses conditions actuelles, et
comme pouvant amener sa catastrophe finale.

Ces astres errants n'ont ni tant de méchance-
té, ni tant de puissance. Le soufflet qu'une queue
de comète pourrait donner en passant à la Terre
serait à peine équivalent à la caresse d'un éventail de plumes. Tout au plus pourrait-il nous
gratifier d'une pluie de bolides exceptionnelle,
ou de quelques bouffées de gaz plus ou moins
irrespirables.

Il est curieux de constater que les comètes ne
jouent aucun rôle dans les systèmes mythologiques des anciens.

Pas plus chez les Egyptiens et les Chaldéens,

dont les religions étaient si évidemment astrolâ-
triques, que chez les Hindous et les Grecs, on ne
trouve de noms de divinités personnifiant ces
apparitions célestes, pourtant bien faites pour
attirer l'attention et faire divaguer les imaginations.

Il est absolument impossible d'admettre que les
apparitions de comètes soient un fait récent dans
notre système. Cependant, la tradition ou l'histoire en ont enregistré très peu avant notre ère.
Les plus anciennes comètes dont on ait pu déterminer l'orbite ont été observées par les Chinois.

A l'exception d'une comète extraordinaire, vue,
par Démocrite, la plus ancienne sur laquelle
nous ayons quelque témoignage daté, est celle
qui parut 146 ans avant notre ère. Suivant
Sénèque, elle était aussi grande que le Soleil et
dissipait les ténèbres de la nuit.

134 ans av. J.-C., l'année de la naissance de
Mithridate, le ciel, dit Justin, paraissait tout en
feu. La comète en occupait la quatrième partie,
et son éclat était supérieur à celui du Soleil. Elle
employait quatre heures à se lever et autant à se
coucher. Ce détail montre qu'en ascension droite
seulement elle occupait dans le ciel un arc de 60°.

Selon Justin, une autre comète aurait paru l'année où Mithridate monta sur le trône (123 av.
J.-C.). Mais les annales chinoises ne connaissent
que celle de l'année de sa naissance. On vit,
disent-elles, une grande comète dont la queue
s'étendait jusqu'au milieu du ciel, et qui parut
pendant deux mois.

52 ans av. J.-C., Dion Cassius dit que cette

année-là une torche ardente passa du midi à l'orient. Son éclat était supérieur à celui du Soleil, et naturellement elle présageait, selon lui, des malheurs épouvantables.

Diodore de Sicile, qui vivait vers 40 av. J. -C., dut la voir, et dit, parlant d'elle : « Elle était douée d'une si grande clarté qu'elle produisait des ombres à peu près semblables à celles de la Lune. »

43 ans avant notre ère, un astre chevelu se voyait de jour à l'œil nu : c'est la comète que les Romains regardèrent comme une métamorphose de l'âme de César, tué peu auparavant, et à laquelle Virgile a fait allusion dans l'Énéide.

A une comète de l'année 590 de notre ère remonterait l'origine d'une bizarre coutume. A l'époque où parut cette comète et, disait-on, grâce à sa fatale influence, une peste effroyable dévasta l'Europe. Son premier symptôme était, en général, un éternuement. A ce présage funèbre chacun croyait charitable de dire au condamné : Dieu vous bénisse! et l'usage en est resté.

Lorsque, en 1456, se montra la brillante comète de Halley, revenue depuis en 1531, 1607, 1682, 1759 et 1835, et qui reviendra en 1911, le Pape Calixte en fut si effrayé qu'il ordonna des prières publiques dans lesquelles on conjurait à la fois la comète et les Turcs, qui venaient de s'emparer de Constantinople. Pour mieux rappeler aux fidèles l'obligation de réciter à heures fixes cette prière dite de l'*Angélus*, il ordonna que toutes les cloches de l'Eglise sonnassent à midi.

Nous ne sommes pas encore bien délivrés des

terreurs qu'inspiraient autrefois les comètes. Dans
un ouvrage publié à Oxford, en 1702, un astronome, du nom de Crégory, constatait « qu'à
toutes les époques et chez tous les peuples on a
observé que les apparitions de comètes ont été
suivies de grands maux ». Il ajoutait : « qu'il
ne convient pas à des philosophes de prendre
légèrement ces choses pour des fables. »

Un médecin anglais, du nom de Forster, a en-
trepris de montrer par le menu tous les maux
dont les comètes ont été coupables dans la suite
des siècles. Il a, en effet, très bien prouvé que
toutes les années qui ont eu de grandes comètes
ont vu toutes sortes de malheurs ; seulement il a
complètement négligé de prouver que toutes les
années sans comètes en ont été préservées. Par
une coïncidence maligne du hasard, l'année 1680,
où parut une des plus belles comètes connues,
et qui dut passer très près de la Terre, l'auteur
ne trouva pas d'autre fléau à porter à son actif
qu'un hiver froid, suivi d'un été sec et chaud,
avec des météores en Germanie. C'était peu
pour une comète si grosse ?

Depuis le commencement de notre ère jusqu'au
dix-neuvième siècle, le nombre des comètes dont
l'apparition a été enregistrée est resté assez
uniforme. On en compte :

au premier siècle	22	au septième.....	22
au second.......	23	au huitième.....	16
au troisième.....	44	au neuvième.....	42
au quatrième....	27	au dixième......	26
au cinquième....	16	au onzième......	36
au sixième.......	25	au douzième.....	26

au treizième.....	26	au dix-huitième..	64
au quatorzième..	29	au dix-neuvième.	
au quinzième....	27	(première moitié).	92
au seizième	31	De 1850 à 1865..	52
au dix-septième..	25	....	

On voit que l'accroissement du nombre des comètes signalées depuis le commencement du dix-huitième siècle tient exclusivement au perfectionnement des instruments d'observations, à la multiplication des observatoires et des observateurs, qui ont pu signaler beaucoup de petites comètes jusque-là soustraites à l'attention ou à la vue.

Selon la table générale des comètes, consignées dans l'histoire de l'Astronomie (ch. IV, p. 274) durant les 14 premiers siècles de notre ère, il y a eu, tant en Europe qu'en Chine, 407 comètes visibles à l'œil nu, soit une moyenne de 29 par siècle.

Depuis cette époque, les astronomes, de mieux en mieux outillés, en ont observé des nombres toujours croissants. Il n'est point d'année où ils n'en signalent plusieurs, dont la plupart, il est vrai, échappent à l'œil nu.

Les plus brillantes du dix-neuvième siècle ont été celles de 1807, 1811, 1819, 1835, 1843 et 1861.

Le seizième siècle et le nôtre ont donc été exceptionnellement favorisés pour l'observation des grandes comètes visibles pour tout le monde. Toutefois, il faut admettre que, dans les siècles précédents, bien des comètes visibles à l'œil nu du dix-neuvième siècle, mais petites et peu lumineuses, ont échappé à l'attention, surtout quand leur apparition sur l'horizon d'Europe a été très courte.

Dans les siècles passés, depuis notre ère, c'est le troisième et le neuvième qui ont observé le plus de comètes (44 et 42); or, ce furent des époques relativement littéraires; c'est la fin des siècles classiques et la renaissance des études carlovingiennes, qui produisirent des observateurs et des écrivains.

Au XIe et au XVIe siècles, il se produit aussi des maxima secondaires, et ce sont encore des époques où les études se relèvent.

Les petits nombres d'observations de comètes du cinquième et du huitième siècle s'expliquent, au contraire, par le trouble des invasions barbares ou les guerres de l'ère mérovingienne qui ne laissaient ni le loisir d'observer ni celui d'écrire. Or, à l'exception de ces maxima et minima exceptionnels, les nombres d'apparitions de comètes visibles à l'œil nu sont remarquablement constants, jusqu'au dix-huitième siècle, et ne s'éloignent pas beaucoup de la moyenne de 25 par siècle.

En 1865, on comptait un total de 671 comètes observées, dont seulement 204 orbites étaient déterminées, en 1853.

Les comètes sont assujetties aux lois de Képler et de Newton qui permettent à nos mathématiciens de déterminer les éléments de leurs orbites dès qu'ils en connaissent trois points qui sont : la longitude et la distance au Soleil de leur périhélie, avec la position de leur nœud ascendant sur l'écliptique. Cela suffit pour calculer leur inclinaison sur ce plan, leur excentricité, et la longueur de leur grand axe, d'où se déduit la durée de la révolution, de l'astre et l'époque de son retour probable, si son orbite est une ellipse fermée. Dans ce cas, on peut le considérer comme faisant partie de notre système, et comme partageant son mouvement général dans l'espace.

Mais beaucoup de comètes traversent seulement notre monde solaire, en décrivant des courbes paraboliques dont le grand axe est infini ou du moins indéterminable et dont la période de retour ne peut être prévue ; ou même des courbes hyperboliques supposant toute impossibilité de retour. Ces comètes sont peut-être destinées à ne jamais revoir notre monde, qui doit les abandonner dans l'espace, si elles n'y partagent pas son mouvement.

Certaines comètes pourraient ainsi visiter alternativement plusieurs Soleils, comme le nôtre, à condition qu'elles voyagent de conserve dans l'espace, dans des routes parallèles, à peu près avec la même vitesse. Leurs orbites hyperboliques auraient ainsi un Soleil à chacun de leurs foyers. Une comète, circulant autour de quatre soleils, décrirait un système d'hyperboles équilatères. C'est une combinaison d'une réalisation difficile, mais qui n'est pas impossible, comme nous le verrons à propos de la distribution des systèmes d'étoiles dans le ciel.

On comprend, d'après cela, pourquoi la durée des révolutions des comètes est si variable. Les unes reviennent se montrer près du Soleil dans des périodes de quelques années, comme les petites comètes d'Encke, de Faye, de Gambart (ou de Biéla) et de Lexell qui, à leur périhélie, s'approchent du Soleil à des distances moindres ou peu supérieures à la distance de la terre, et qui, à leur aphélie, ne franchissent pas l'orbite de Jupiter. D'autres ont de longues périodes, comme la comète de Halley, dont la révolution est de 76 ans. Cinq autres comètes ont des périodes de 59 ans à 75 ans.

La comète qui parut en 1265, et disparut la nuit de la mort du pape Urbain IV, reparut en 1554, à une période de 292 ans.

La comète de 1842 aurait une période de 344 ans.

La grande comète de 1843 ne ferait sa révolution qu'en 376 ans, ou peut-être en 175, si elle est identique à celle de 1668.

Une comète découverte le 30 août 1846 aurait une période de 401 ans ; celle de 1893 une période de 422 ans.

La comète de 1746, identifiée à celle de 1097, suppose une période de 743 ans.

Une des comètes de 1811 ne reviendrait qu'après 875 ans.

La période calculée de la grande comète de 1807 serait de 1714 ans ; mais avec certaines incertitudes qui peuvent l'abaisser à 1404 ans ou l'élever à 2157 ans.

La grande comète de 1759 n'achèverait sa course qu'en 2673 ans.

La grande comète de 1811 ne reviendrait qu'après 3065 ans.

La grande comète de 1825 ne reviendra qu'après 4386 ans.

Une de 1822 exigerait 5648 ans.

Celle de 1849 a une période 8375 ans.

La fameuse comète de 1680, qui donna à Newton l'occasion de démontrer que ces astres se meuvent dans des sections coniques, aurait une période de 8813 ans.

La petite comète de 1840 aurait une révolution de 13886 ans.

La révolution de la comète découverte par Messier en 1780 ne se ferait qu'en 75388 ans.

Une comète de 1845 exigerait 100.000 ans.

Mais il en est d'autres qui à leur aphélie vont se plonger dans l'espace à des distances supérieures à celles des étoiles Wéga, Sirius et Arcturus.

On comprend ainsi pourquoi il en est qui ne reviennent jamais, et c'est le plus grand nombre; mais ce ne sont pas les plus grosses, car pour qu'une comète nous paraisse très grosse, il faut qu'elle s'approche beaucoup du Soleil, et il y a des probabilités pour qu'une comète, dont la distance périhélie est petite, ait aussi un grand axe assez petit et, par conséquent, une courte période ; et qu'une comète qui, à son périhélie, reste plus éloignée du soleil, s'en aille, à son aphélie, se perdre bien loin dans les espaces.

Mais des comètes à course hyperbolique peuvent passer très près du soleil, traverser notre système en décrivant une courbe très ouverte et n'y jamais revenir. Nous ne saurons jamais rien de toutes celles dont le périhélie se trouve au delà de l'orbite de Neptune, ni même de celui de Saturne, qui cessent d'être visibles pour nous à moins d'être de grandeurs exceptionnelles ; puisque, par ce fait qu'elles approchent moins près du Soleil, elles en reçoivent moins de lumière et moins de chaleur, ce qui les dilate moins, de sorte qu'elles ne peuvent atteindre ni la grandeur ni

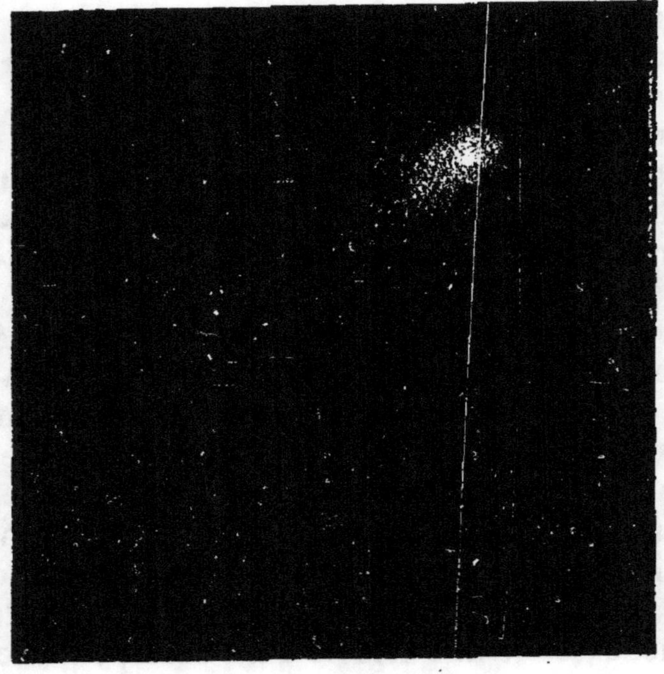

Fig. 14. — Comète.

l'éclat de celles qui passent plus près du Soleil.

Le plus grand nombre des comètes qui traversent notre système ne paraissent pas lui appartenir. Il les sème en route et jamais ne les reverra. Le nombre de ces comètes voyageuses qui vont ainsi, de système en système, jusqu'à ce qu'elles se désagrègent ou au contraire se fixent dans l'un d'eux, captées au passage par quelque résultante momentanée des forces, est immense.« Les

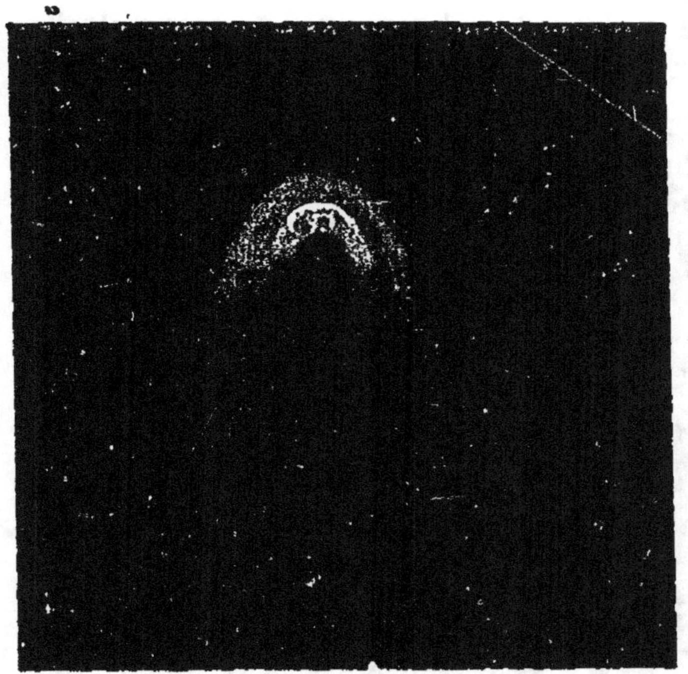

Fig. 13. — Comète de Donati, 2 octobre 1878.

comètes sont aussi nombreuses dans le ciel que les poissons dans la mer, » disait Képler.

Il en est de toutes les grandeurs et leurs formes, probablement leurs matériaux, sont très variables.

Au moment où elles commencent à devenir visibles, la plupart ont des formes de sphéroïdes, de fuseaux elliptiques, ou mieux d'une flamme qui avancerait renversée, son extrémité infé-

rieure en arrière (fig. 14). Alors elles ressemblent généralement à une petite étoile, estompée
et pâle, qui serait enveloppée d'un long voile,
léger et souple, flottant et traînant derrière elles.
A mesure qu'elles grossissent, en approchant du
Soleil leur grand axe s'incline toujours normalement à la surface de cet astre, vers lequel elles
tournent toujours leur tête globuleuse ; tandis

Fig. 16. — Comète de Donati, 5 octobre 1858.

que leur queue se projette en sens opposé, en
s'allongeant et s'élargissant (fig. 15).

Le plus grand nombre, en approchant du
Soleil, semblent environner leur tête d'aigrettes
ou de chevelures hérissées, d'où partent des trai-

nées lumineuses, recourbées en arrière, qui se rejoignent derrière elles, pour former la queue (fig. 15), en même temps que celle-ci se courbe, présentant toujours sa convexité en avant de leur mouvement et en se développant de plus en plus en longueur et en largeur (fig. 16). On en a vu, à leur périhélie, sous tendre des arcs de 90° et plus, leur tête étant déjà sous l'horizon que leur queue atteignait encore le zénith.

Parfois, en passant au périhélie, leur queue se dédouble, se divise, comme les rayons d'un éventail, qui se briserait en plusieurs tronçons (fig. 15). On en a vu ainsi acquérir deux, trois, et jusqu'à six ou sept queues distinctes. Celle de 1744 en avait six, elles étaient longues de 30 à 44°. La belle comète de 1861 en avait deux de longueurs inégales. Je n'oublierai jamais de l'avoir vue, en Italie, sur la route d'Arona à Turin, par un ciel splendide, où sa lumière luttait d'éclat avec les lucioles qui dansaient dans l'air tiède d'une nuit d'été.

J'ai pu la contempler depuis, jusqu'à la fin de l'été, dans le beau ciel pur et transparent de la Suisse où, chaque soir, de la pente occidentale du rocher sur lequel est bâtie la cathédrale de Lausanne, je la voyais plonger à l'horizon la tête la première, tandis que sa queue lumineuse se dressait perpendiculairement dans le ciel, décrivant un arc immense de plus de 60°, qui, de jour en jour, diminuait d'amplitude et d'éclat. Les astronomes assurent qu'elle s'est beaucoup approchée de la terre et qu'elle ne reviendra nous visiter qu'après une période de 601 ans. Nos descendants ne la reverront donc qu'en 2462 ans, à moins qu'en route elle n'ait été happée au passage par quelque astre lointain, perdu dans les profondeurs du ciel.

D'autres comètes, au contraire, et même plus fréquemment quand elles sont petites, n'ont pas de queue et gardent à leur périhélie leur forme globuleuse ou ovulaire plutôt qu'elliptique, bien que leur axe se courbe plus ou moins pendant leur passage au périhélie. Ce sont presque toujours des comètes télescopiques que l'œil nu ne peut apercevoir. Mais la loi qui leur est commune est de se développer en longueur dans le sens opposé à la direction du Soleil, et d'atteindre leur maximum d'éclat et de volume apparent en passant à leur périhélie.

Dès qu'elles ont franchi ce cap du périhélie, qui semble amener pour elles une phase critique où plusieurs se divisent et se morcellent, leurs queues se raccourcissent, diminuent d'éclat, se reconstituent en une queue unique, parfois plus ou moins réduite, mais dont l'axe est toujours orienté du côté opposé au Soleil et dont la courbure, alors dirigée en sens contraire, tourne sa concavité en avant de leur mouvement, de façon à présenter, par rapport au Soleil, une figure symétrique, mais renversée, de celle qu'elles affectaient dans l'autre moitié de leur orbite.

Que se passe-t-il donc alors dans ces singuliers corps qui en modifie ainsi toutes les apparences suivant des lois bien fixes, qui peuvent dépendre de modifications physiques, mais non de différences chimiques dans leurs matériaux.

Ce qui caractérise les comètes, c'est la petitesse de leur masse, relativement à leur énorme volume et, par conséquent, leur très faible densité.

Ce ne sont pourtant pas des corps entièrement gazeux. On a dû renoncer à l'idée de leur continuité gazeuse et leur faible densité exclut celle de leur cohérence, comme corps solides.

D'après les observations minutieuses et logiquement interprétées de l'astronome italien Schiaparelli, qui a pris une grande place dans la science, les comètes seraient constituées de granulations solides très disséminées, de météorites de très petit volume. Cette sorte de poussière cosmique, tantôt se rassemble, se condense dans de petits espaces, lorsqu'aux aphélies elles se perdent invisibles dans les déserts éthérés entre les mondes. A mesure qu'elles se rapprochent d'un soleil, vers lequel elles gravitent d'abord très lentement, puis d'un mouvement progressivement accéléré, elles s'échauffent, se dilatent, se diluent, se fondent, ou se vaporisent partiellement, jusqu'à occuper des volumes immenses, sous la forme d'effluves en parties lumineuses par elles-mêmes, mais néanmoins douées d'un pouvoir réfléchissant considérable qui dessine dans le ciel leur trace et leur silhouette si variable.

La preuve évidente de la faible densité de ces corps, c'est qu'à travers leur silhouette lumineuse, et aussi bien au travers de ce qu'on nomme leur tête qu'à travers leur queue, les plus petites étoiles, au lieu d'être occultées, comme elles le sont par les moindres vapeurs de notre ciel, restent parfaitement visibles et que leur lumière n'en semble pas subir une absorption appréciable, comme on le voit sur les figures des comètes de Donati et de Coggia (fig. 14, 16 et 17). Cette visibilité des étoiles à travers la matière des comètes s'observe aussi bien pour celles qui sont visibles à l'œil nu que pour celles qui ne sont visibles qu'aux foyers de nos lunettes astronomiques ou aux miroirs de nos télescopes.

Il faut en conclure que les vapeurs qui les constituent sont d'une diaphanéité parfaite, ce qui semble incompatible avec leur pouvoir réfléchissant; ou que dans ces vapeurs, parfaitement diaphanes, flottent, disséminées à de grandes distances, relativement à leur volume, des particules solides réfléchissantes ou même lumineuses, mais si ténues qu'elles ne peuvent intercepter les rayons des étoiles qui passent entre elles, et d'autant mieux qu'étant plus éloignées et paraissant plus petites, leur puissance de rayonnement s'exerce suivant une droite géométrique sans étendue.

Il en résulterait même cette conséquence paradoxale, que plus les comètes nous paraissent lumineuses et plus elles sont rapprochées de nous, plus elles seraient transparentes pour la lumière des étoiles supposées à une distance infiniment grande ; tandis que les petites comètes, presque invisibles à leur périhélie lointain, entre les orbites de Jupiter et de Neptune, mais de même masse moins dilatées, auraient sur la lumière des étoiles une action absorbante beaucoup plus forte.

L'analyse spectrale a constaté la présence, dans la plupart des comètes, du gaz oxyde de carbone. Or ce gaz est d'une faible densité, égale à celle de l'azote, et un peu inférieure à celle de de l'air. Il est parfaitement diaphane, même sous la pression atmosphérique normale. On conçoit qu'en l'absence de cette pression sa diaphanéité soit absolue; puisque sa densité, au lieu d'être 14, serait réduite à 0,007 de mercure, ou de 1/512 de la pression ordinaire. De sorte que, sous une pression encore moitié moindre de 0,0035 de Mercure ou de 1/024, sa densité serait réduite à 0,00382.

Un tel gaz ainsi dilaté par dépression à la température du 0° thermométrique, supposé porté, dans l'éther intercosmique, à une température voisine du 0 absolu, ou de — 256° seulement, perdrait 15/16 de son volume ; mais, au contraire, en approchant du Soleil, il se dilaterait de 1/272 de son volume par degré de chaleur. De sorte que si on suppose qu'à son périhélie il supporte une chaleur de 1000°, non seulement il retrouverait son volume primitif, mais ce volume serait multiplié par 3,67, et sa densité serait réduite à 0,001, ou 1400 fois moindre que sur la terre à 0°, sous la pression atmosphérique.

Et cela sans compter la variation de pression de l'éther autour du Soleil où la chaleur solaire doit le dilater lui-même ; mais, il est vrai, sans affaiblir sa tension, s'il se comporte, à cet égard, comme nos gaz pesants.

Si, dans cette atmosphère gazeuse d'oxyde de

carbone, flottent des parcelles solides, des poussières de silice cristallisée, des paillettes de mica, même de petites météorites, ferrugineuses ou nikelifères, ces granulations ne subiront que dans une faible proportion les effets de dilatation et de contraction dus aux variations de la température et de la pression. Leur volume absolu variera peu; mais leur volume total augmentera, relativement à celui des gaz qui les enveloppent, et dont elles ne subiront la rétraction ou la dilatation qu'en se rapprochant ou s'éloignant les unes des autres. De sorte que la densité moyenne de la masse augmentera à l'aphélie et diminuera au périhélie. Le pouvoir réfléchissant total des éléments solides ne variera, en somme, qu'en raison inverse du carré des distances au Soleil, comme la lumière de celui-ci. Nous n'en recevrons plus qu'une quantité inversement proportionnelle au double carré de cette distance; et elle sera encore affaiblie par les propriétés absorbantes des gaz qui les enveloppent et qui augmentent comme sa densité.

A son aphélie, une comète doit donc affaiblir beaucoup plus la lumière des étoiles qu'elle occulte qu'à son périhélie, et certaines étoiles pourraient bien devoir à ces occultations partielles par des comètes leurs rapides variations d'éclat. Il suffirait pour cela que de grosses comètes fussent en route dans le ciel, parallèlement aux rayons qu'elles nous envoient. Les petits mouvements propres de l'étoile en dehors de cette droite, combinés avec ceux de la terre et avec la courbure de la comète, détermineraient la période de variabilité de l'étoile, qui serait plus ou moins occultée par la comète, selon qu'elle se projetterait plus ou moins complètement sur le chemin de ces rayons vers nous. Plus la comète s'éloignerait de nous en se rapprochant de l'étoile, moins l'occultation serait complète.

Quand une comète s'approche du soleil, non seulement ses gaz se dilatent en s'échauffant, mais ses particules solides, s'échauffant plus encore, en raison de leur conductibilité plus grande et de leur moindre chaleur spécifique, rougissent ou même passent au rouge blanc, si elles sont trop réfractaires pour se fondre. Elles émettent ainsi cette lumière propre et scintillante que l'on constate dans les plus belles comètes, celles qui, plus rapprochées du soleil, brillent d'un plus vif éclat et sont visibles même en plein jour, comme la comète de César, l'an 43 de notre ère, et comme les comètes de 1006, 1106, 1402, 1532, 1577, 1618, 1744 et 1843, qui, toutes, ont été vues pendant que le soleil était encore sur l'horizon.

A mesure que la comète s'éloigne de son périhélie, elle se refroidit et son éclat propre s'éteint. Elle ne donne plus que la lumière, de plus en plus faible, réfléchie par ses particules solides et qui, peu à peu, s'affaiblissant en raison du double carré des distances, devient tout à fait invisible, même pour les plus forts grossissements, tandis que sa queue se résorbe et qu'elle reprend une forme plus ou moins globuleuse ou même tout à fait irrégulière.

Car, dans leur course loin du Soleil, la pesanteur paraît ne pas agir ou du moins n'agir que faiblement sur la matière des comètes, pour la contracter, lui donner la forme sphérique.

Il est de toute évidence que les éléments matériels des comètes ne *s'attirent pas* réciproquement. S'ils suivent une route commune, c'est que chacun d'eux suit, indépendamment des autres, une orbite qui lui est propre, mais qui se trouve parallèle à celle des autres. Si une force quelconque retient leurs éléments agrégés et tend à leur imposer des formes sphériques, cette force est extérieure, c'est la pression concentrique de l'éther agissant normalement à leurs surfaces.

Mais cette pression concentrique de l'éther ambiant n'agit que sur leurs éléments gazeux pour en maintenir la continuité et s'opposer à leur dispersion indéfinie. Quant aux matériaux solides, ils n'arrivent jamais à l'adhérence ni même peut-être au contact, et restent simplement juxtaposés en continuant leurs routes parallèles dans un mouvement de translation commun.

D'après cela, nous pouvons nous faire une idée de ce qui se passe quand une comète approche de son périhélie.

A mesure que sa température augmente, ceux de ses éléments gazeux qui s'étaient liquéfiés en gouttelettes ou en brouillards vésiculaires à la surface de ses éléments solides, se vaporisent. Ces vapeurs constituent un milieu résistant dans lequel se meuvent librement ses éléments solides. De sorte que les plus denses tendent à tomber plus vite dans la direction du Soleil que les plus légers, qui déplacent plus de fluide. Ceux-ci semblent donc fuir le Soleil, comme repoussés par lui, simplement parce que leur chute vers lui est moins rapide. Il en résulte ainsi que la partie gazeuse de la comète semble remonter, contre la direction de la pesanteur et que son axe s'allonge dans la direction normale au Soleil. C'est la queue qui se dessine d'abord, comme un voile flottant qui enveloppe la tête et se replie derrière elle.

Quand il se forme une aigrette, c'est aux dépens de liquides volatilisés qui, s'élevant d'abord dans la direction du Soleil à mesure que leur densité diminue, sont emportés, en courants recourbés, vers la queue par la poussée des fluides ambiants plus denses.

Mais à mesure que la queue s'allonge ainsi derrière la tête, chacun de ses points doit parcourir une courbe de rayon d'autant plus grand qu'il est plus loin du noyau qui suit son ellipse. La queue retarde donc sur le mouvement angulaire de la tête et paraît ainsi se recourber en présentant sa convexité en avant. Mais à mesure que vers la queue sont repoussés des matériaux animés de vitesse plus grande, la vitesse angulaire de la queue tend à regagner de l'avance sur la tête où la pesanteur fait retomber les matériaux qui se sont refroidis à l'extrémité de la queue, beaucoup plus loin du Soleil. La comète doit donc être, à ce moment, parcourue dans toute sa longueur par des courants ascendants et descendants rapides, qui expliquent les vibrations lumineuses qu'elle nous envoie.

Ainsi on conçoit comment le passage au périhélie d'une comète est pour elle une phase critique, où elle est plus ou moins exposée à des
causes de désagrégation. Car tandis que les éléments de sa queue sont entraînés, par leur vitesse
acquise, sur la tangente à leur mouvement qui,
jusque-là, différait peu de la branche de para-
bole ou de l'ellipse qu'ils suivaient, la tête infléchit rapidement sa direction vers le sommet de
la courbe. La queue, par cela même, tend de
plus en plus à s'allonger, mais, plus elle s'allonge, plus la courbe qu'elle doit décrire, pour
suivre la tête, augmente de rayon, et plus aussi
la force centrifuge, qui sollicite ses matériaux,
augmente; tandis que, par leur plus grand
éloignement du soleil, la force centripète diminue en raison inverse du carré de ce même rayon.
Les éléments de la queue des grandes comètes
ont donc de grandes chances d'être projetés dans
l'espace, à leur passage au périhélie, et de suivre une route presque à angle droit avec le grand
axe de leur orbite ou même suivant un angle
plus obtus, s'ils se détachent de la masse avant
son passage au périhélie. Toutefois, comme à
l'extrémité de la queue opposée au Soleil la
température est bien moins élevée, justement
dans le même rapport que l'intensité de la pesanteur, ces éléments tendent à redescendre, à
retomber et comme, à mesure qu'ils redescendent, la vitesse dont ils sont animés l'emporte
sur celle de la tête, ils avancent angulairement
sur celle-ci, de sorte que la direction de la queue,
s'infléchissant de l'autre côté de l'axe de l'orbite,

se recourbe en se raccourcissant et en présentant sa convexité en arrière. La phase critique se trouve ainsi franchie ; mais on conçoit qu'il suffit de légères altérations dans les résultantes successives et instantanées des forces en présence dans ce processus mécanique, pour que la comète se désagrège, au moins en partie, en franchissant cette phase de son existence.

Il se peut donc très bien qu'à ce moment une comète se divise en deux parties, de masses inégales. C'est ce qui s'est produit pour la comète de Gambart (ou de Biéla) qui s'est divisée en deux presque sous les yeux des astronomes, en 1842, lors de l'un de ses retours.

Le 19 décembre, M. Hind remarquait une protubérance dans la comète, encore intacte ; le 21 à Berlin, Encke n'apercevait encore aucun indice de séparation. Elle était effectuée le 27, par un astronome d'Amérique, et constatée en Europe dans le milieu de janvier 1846. Le nouvel astre, le plus petit, précédait le grand, et, augmentant d'intensité, surpassa quelque temps en éclat la comète principale. Aucune des deux n'avait de queue, les enveloppes nébuleuses de chaque noyau étaient mal terminées et pendant quelque temps un lambeau nébuleux forma une sorte de pont entre elles. Le 24 mars, la petite comète devenait invisible et, le 20 avril, la grande disparaissait à son tour. Tant qu'elles restèrent visibles, elles s'éloignèrent lentement l'une de l'autre. La plus grande distance constatée s'éleva aux deux tiers de la distance de la Lune à la Terre, ou d'environ 62.000 lieues. En 1852 à Rome, le père Secchi revit les deux noyaux, distants d'environ 5o.ooo lieues. La comète avait accompli sa course dans sa période régulière de 3 ans, accompagnée de sa fille; mais on comprend que le fait aurait pu ne pas se produire ainsi.

Des faits analogues ont d'ailleurs été enregistrés. Démocrite, cet observateur génial, dont toutes les idées théoriques sont, les unes après les autres, confirmées par la science, assurait avoir vu une comète se diviser en un grand nombre de petites. D'après Ephore, historien grec, la comète de 37t avant J.-C. se serait partagée en deux astres qui suivirent ensuite des routes différentes. Sénèque révoque en doute son témoignage par des raisons de philosophe *cause-finalier*, qui n'admet pas que quelque chose dans le monde se casse ou se détraque; mais Képler défend Ephore et émet l'idée qu'un partagé semblable eut lieu dans la seconde comète de 1618.

Il n'est donc pas étonnant qu'en 1846 la comète de Gambart, d'une période de 6 ans 1/2, se soit divisée sous les yeux des astronomes. Il a bien fallu admettre la possibilité d'un fait d'ailleurs constaté par les traditions les plus sérieuses.

Les astronomes chinois parlent de trois comètes qui parurent en l'an 8g6 et parcoururent leurs orbites de conserve.

Le noyau de la comète de 1652, dit Hévélius, se divisa en quatre ou cinq parties qui montraient une densité un peu plus forte que le reste de la comète. L'illustre astronome de Dantzig cite

encore des observations analogues pour les comètes de 1661 et de 1664.

En 1618, Figueroes à Ispahan, Blancanus à

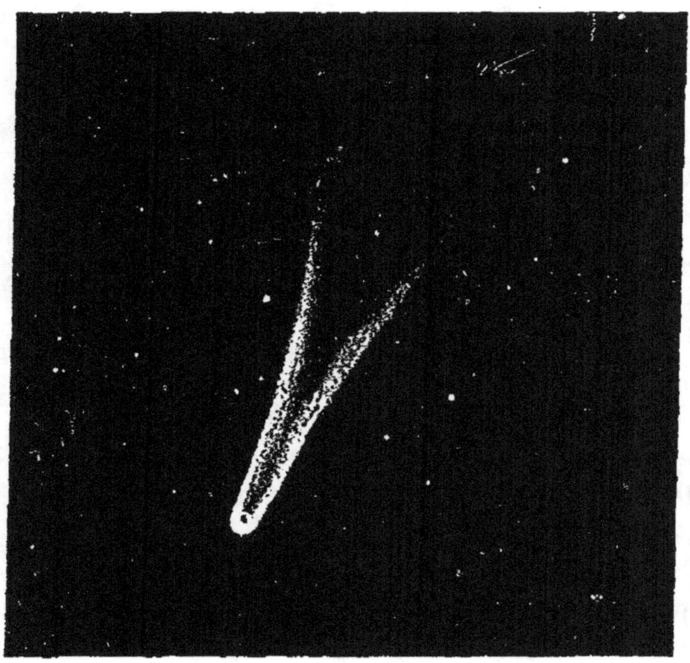

Fig. 17. — Comète observée le 10 septembre 1811.

Parme, des Jésuites à Goa, Képler à Linz ont vu
deux comètes en même temps, dans la même
partie du ciel. La seconde apparut tout à coup,
quand déjà la première avait été observée pendant quelques semaines. Comme dit Képler,
« ne suffit-il pas qu'un fait soit, pour qu'on doive
l'admettre, même quand on ne peut l'expliquer. »
La question ironique de Sénèque, demandant
comment il se fait que personne n'ait vu aussi

deux comètes se réunir en une seule, ne peut tenir lieu d'une bonne raison.

L'orbite de cette même comète de Gambart (ou de Biéla) qui, en 1846, se divisait ainsi en deux, pour l'étonnement des astronomes, à son passage de 1832, coupa presque exactement l'orbite de la Terre en un de ses points. Or, cette comète, lors de son retour de 1832, traversa justement ce point commun de sa courbe et de l'écliptique un mois avant la Terre. Si la comète avait été retardée par quelque masse voisine, elle aurait pu rencontrer la terre sur sa route. Il se fit grand bruit, à cette époque de cette hypothèse. D'aucuns se crurent déjà à la fin du monde. En un siècle de plus grande foi, bien des gens auraient donné leurs biens à l'Eglise pour le soulagement de leur conscience. Les grandes calamités publiques ont eu souvent de ces résultats, pires que leurs causes.

Quels pourraient être les effets produits sur les conditions de la vie terrestre par la rencontre d'une comète.

Il se peut que la Terre, dans son long passé, en ait rencontré plusieurs, sans s'en apercevoir, et sans que ses habitants, bêtes ou hommes, en aient aucunement souffert. Ils ont peut-être constaté, soit des pluies de pierres, soit des pluies de poussières. La légende du bombardement de la plaine de la Crau, par Hercule, pourrait en être née, si l'on n'en avait une explication plus naturelle par l'action du Rhône, dont cette plaine forme le delta; les pierres qui la couvrent n'ayant d'ailleurs aucun des caractères ordinaires des météorites, mais ceux de roches d'érosion roulées par les eaux torrentielles, dans les crues, ou même apportées par les glaces. Or, on sait que le Rhône a été longtemps le déversoir des grands glaciers qui, autrefois, sont descendus jusqu'à Lyon. Il y a donc lieu de croire que les pierres de la Crau sont d'origine terrestre et pas du tout cométaire.

Mais on sait qu'autre part des pluies de pierres ont eu lieu, et beaucoup peuvent avoir eu lieu dans des endroits inhabités, sans que personne n'en ait rien su pour le raconter à d'autres et en garder la tradition.

Des pluies de poussières sont plus fréquentes; mais on les attribue communément aux vents qui viennent des déserts qu'ils traversent en soulevant leurs sables.

Arago a discuté s'il y avait probabilité que certains brouillards secs, qui ont été observés à plusieurs reprises, pussent être attribués au passage de quelque comète. Mais il leur a trouvé une explication plus plausible dans les éruptions volcaniques qui, justement, furent signalées à ces mêmes époques, soit de l'Etna, en Sicile, soit de l'Hécla, en Islande.

Plus récemment, après la grande éruption et le cataclysme du Kracatoa, dans les mers de la Sonde, on observa, en effet, durant plusieurs mois, en Europe et jusqu'à Paris, des brumes sèches et colorées qui se montraient surtout au crépuscule et devaient exister à de grandes hauteurs dans l'atmosphère. Si ces brumes étaient des vapeurs d'origine volcanique, elles devaient renfermer des chlorures, de l'acide carbonique et d'autres gaz irrespirables; pourtant personne à Paris n'en fut incommodé. Cette saison fut même exceptionnellement sèche et saine.

Si l'atmosphère des comètes est principalement constituée d'oxyde de carbone, il est évident que si toute l'atmosphère d'une grosse comète venait se mêler à la nôtre, nous pourrions en être asphyxiés. Il pourrait en résulter des épidémies dont on chercherait en vain la cause. Mais comme l'oxyde de carbone est plus léger que l'air, celui qu'une comète nous apporterait resterait long-temps dans les hautes couches de l'atmosphère, avant de descendre à notre hauteur. Il faudrait une bien grosse comète pour que la quantité de ce gaz qu'elle pourrait nous apporter représentât une fraction appréciable de la masse atmosphérique dont le poids représente au moins 40600 quatrillions de kilogrammes ou plus de 40 quatrillions de tonnes.

Un millième de cette masse représenterait 40 trillions de tonnes d'oxyde de carbone, et les comètes arrivent rarement à une pareille masse, qui ne mêlerait à notre air qu'une proportion d'un millième, en poids, du gaz méphitique, proportion absolument inoffensive. Encore faudrait-il supposer que toute la comète fût composée de ce corps, tandis que la plus grande partie de sa masse est due aux corps solides qu'elle contient, et qui, à en juger par nos météorites connus, sont des oxydes métalliques absolument inertes, très réfractaires, ou des alliages de métaux inoffensifs.

Le seul vrai péril qu'une comète puisse nous faire courir serait donc de recevoir, quelques pierres, non sur nos têtes, car la chance en serait plus petite que celle de la foudre, mais dans nos jardins ou sur nos toits.

Ce ne serait pas payer trop cher une si belle expérience scientifique.

IX

LE SOLEIL

De tous les corps de notre système, le Soleil est celui que nous connaissons le moins, parce qu'entre lui et les autres le fil des analogies est rompu. Toutes les conditions physiques sont si différentes de celles qui nous sont familières, tous les phénomènes y prennent de telles intensités, toutes les formes de l'énergie cosmique s'y montrent dans de telles proportions que nous devenons impuissants à nous rendre compte de leurs effets possibles.

De quelle nature est le Soleil? Quelle est la constitution de ce brillant foyer central qui répand dans les mondes qu'il entraîne à sa suite la lumière, la chaleur et la vie?

L'analyse spectrale y constate la présence des principaux corps qui existent sur la terre et la constituent en grande partie. Il est certainement enveloppé d'une immense atmosphère d'hydrogène, à laquelle se joint un corps, qu'on a nommé l'hélium, parce qu'il paraissait propre au Soleil et inconnu sur la Terre où, cependant, on vient de le trouver à l'état de combinaison, dans quelques minéraux rares. Au-dessous de cette enveloppe gazeuse supérieure d'hydrogène, dans l'enveloppe également gazeuse d'où émane la lumière, on a constaté la présence du sodium, du magnésium, du silicium, du calcium, du fer surtout, c'est-à-dire les bases de nos principaux oxydes terreux.

Le Soleil n'est donc point formé d'une matière spéciale, ayant des caractères particulièrement célestes, impérissables et inaltérables, comme on l'a cru si longtemps. Il n'y a rien de plus divin chez lui que chez nous, et les prêtres d'Athènes auraient toutes raisons de condamner à boire la ciguë les savants assez audacieux pour rabaisser à ce point la nature de leur Apollon. Le Soleil, c'est de la bonne et simple matière, comme la terre de nos champs, la pierre de nos maisons, le sable de nos chemins et de nos grèves, le fond de nos mers, et, probablement, comme tous les éléments constituants des petites boules terreuses qui roulent autour de lui. Seulement, tout cela est à des températures qui excluent tous nos agrégats chimiques, réduisent tous les éléments premiers à leur état de simplicité, et les mélangent incessamment dans des alliages *sui generis*, sans qu'ils puissent y former des combinaisons stables. Si l'idée antique du chaos est réalisée quelque part, c'est dans le Soleil. Là tout est dans le devenir d'Héraclite; mais ce devenir ne devient pas, reste seulement dans le possible; et ces hautes combinaisons supérieures, si complexes, qui, dans notre petit monde sublunaire, réalisent la vie, non seulement n'y existent pas, mais sont impossibles.

Par une singularité difficilement explicable, jusqu'ici, du moins, car il faut toujours faire de prudentes réserves quant aux faits purement négatifs, le Soleil ne paraît pas contenir d'oxygène, cet élément par excellence d'activité et de vie.

Par conséquent, le Soleil n'est pas un corps qui brûle en oxydant ses matériaux, comme on aurait pu le supposer, et qui soit condamné à s'éteindre quand tout y sera brûlé. De ce côté, rassurons-nous. Si le Soleil doit s'éteindre, ce ne sera pas de cette façon-là. Quant à moi, j'ai la conviction profonde et longuement raisonnée qu'au lieu de s'éteindre, et même de se refroidir, il ne peut que s'échauffer de plus en plus, mais si lentement ! La photosphère qui l'entoure, et d'où émane sa lumière, est certainement gazeuse. Ce sont des gaz à l'état lumineux, comme des flammes, mais ce ne sont pas des flammes, puisqu'elles ne sont pas le produit de combustions.

Ces gaz lumineux sont agités de tourbillons incessants, qui se traduisent pour nous dans les images photographiques par des corrugations, une sorte de chiné, qui rappelle la plus fine ciselure de l'or. Cette ciselure représente à sa surface des dépressions, des vallonnements dix et cent fois plus hauts que nos montagnes. Ce brillant pointillé ce sont les *facules*, moutonnement d'une mer de feu, sans cesse agitée d'immenses vagues.

Cette surface liquide, c'est la photosphère fulgurante de cette clarté éblouissante des métaux fondus et bouillonnants. A travers la couche lumineuse et diaphane qui constitue la couronne, elle rayonne sa chaleur et sa lumière.

La chromosphère est une atmosphère inférieure de nuées opaques, de vapeurs métalliques épaisses et absorbantes qui déterminent les raies spectrales. C'est grâce à sa coloration que notre Soleil doit d'être au nombre des étoiles jaunes.

Ces deux enveloppes gazeuses, l'une diaphane et l'autre translucide, recouvrent le noyau complètement liquide, sans aucune espèce de croûte solide. Aucun corps ne pourrait rester réfractaire à de telles températures.

La puissance de rayonnement du Soleil sur la Terre, évaluée à 0,4 calories par mètre carré de surface terrestre par seconde, doit donc envoyer dans l'espace 110 838 quintillions de calories par seconde. A la surface du Soleil, chaque mètre carré émettrait par seconde 18.438 calories (1).

Ainsi la chaleur solaire suffirait à fondre, par jour, une couche de glace qui l'environnerait sur 20.165 mètres d'épaisseur. Les couches profondes de la photosphère sont encore à des températures bien plus élevées que les couches superficielles de la chromosphère.

Le Soleil serait donc un énorme globe de métaux en fusion dont les moins denses occupent probablement les couches les plus superficielles.

(1) Voy. ma *Constitution du Monde*, VIe part., chap. XCI, p. 674.

Cependant, il y a des raisons de croire qu'il se fait de ces métaux fondus un immense alliage dont la densité et la température sont sensiblement constantes dans toute la masse ou, du moins, n'augmentent que très lentement de la surface au centre.

Le rayon du Soleil étant 108.558 fois celui de la Terre, son volume est 1.283.720 fois celui de notre petit globe. Mais de son accélération, comparée à celle de la Terre, il résulte que sa masse est seulement 324.439 fois celle de la Terre. Il s'en suit que, la densité de la Terre étant prise pour unité, celle du Soleil serait seulement de 0, 253, ou à peu près le quart de celle de la Terre.

Si la densité moyenne de la Terre est, comme on le dit, d'après certaines expériences discutables, de 5, 5, cette densité serait ainsi un peu plus forte que celle de l'iode, qui est de 4, 95 et un peu moins forte que celle de l'arsenic, qui est de 5, 67. Il y a lieu de considérer cette densité moyenne de notre globe comme probablement trop faible, étant données les densités considérables de certains métaux qui le constituent et qui doivent en former le noyau.

Cependant, on peut admettre cette densité de la Terre comme possible, si l'on suppose que son noyau liquide est encore constitué, en grande partie, par des métaux légers, tels que le sodium, le potassium, le calcium, le magnésium et l'aluminium fondus et à l'état d'alliage, avec des métaux plus denses, tels que le zinc, l'étain, l'antimoine, le fer, le nikel, le cuivre, le bismuth, l'argent, le plomb. Quant aux métaux lourds, tels que l'or, le platine et l'iridium, avec quelques autres plus rares, il faudrait supposer qu'ils n'existent qu'en très petites proportions.

Acceptant provisoirement cette densité moyenne de la Terre de 5, 5, celle du Soleil devient seulement 1, 39. C'est une densité supérieure à celle du lith'um o, 59, du potassium o, 86, du sodium o, 97, de l'eau et du carbone, sous la forme particulière d'anthracite, mais inférieure à celle de tous les autres corps solides ou liquides, sans exception. Elle serait inférieure à celle du phosphore qui est de 1, 77 et du carbone, sous la forme de graphite, qui est de 2, o6 au minimum. Cela supposerait donc que la plus grande partie du Soleil est à l'état gazeux.

Si l'on suppose, en effet, que la moitié de sa masse est condensée dans un noyau liquide d'un rayon moitié plus petit et dont le volume serait, par conséquent, du huitième de son volume total, la densité moyenne de ce noyau serait à peu près égale à celle qu'on accorde à la Terre et son rayon serait environ 54 fois plus grand.

Quant à son enveloppe gazeuse, supposée d'une profondeur égale à la moitié de son rayon et dont le volume serait des 7/8 de son volume total, si elle représentait la moitié de sa masse, sa densité serait de o, 8, inférieure, en moyenne, à celle de l'eau et assez voisine de la densité des gaz liquéfiés par pression à cet état dit critique, où l'état liquide se confond insensiblement avec l'état gazeux, dans une sorte d'état intermédiaire.

Mais la chromosphère gazeuse de Soleil est-elle

si profonde que de représenter la moitié de son rayon? C'est ce qu'il nous est impossible de savoir.

Dans tous les cas, il est impossible d'admettre la supposition faite par plusieurs astronomes, et qu'on s'étonne de voir adoptée par un esprit aussi perspicace que celui d'Arago, que le noyau du Soleil serait un globe solide et obscur, peut-être à une température assez inférieure à celle de son enveloppe pour ne pas être incompatible avec la vie.

Cette hypothèse, contraire à toutes les probabilités et à toutes les lois de la propagation de la chaleur, est du domaine de l'absurde. Elle a évidemment été inventée pour flatter la manie des gens qui veulent que le Soleil soit habitable et habité, rêvant d'y aller continuer un jour une existence qui leur semble assez précieuse pour ne pouvoir être supprimée sans qu'il manque quelque chose à l'ordre du monde.

On ne peut même supposer que cette hypothèse se déduise des faits de l'analyse spectrale qui nous montre dans la lumière rayonnée par le soleil les caractères de celle qui émane des corps solides, en ce qu'elle présente un spectre continu, au lieu des lignes brillantes sur un fond obscur qui caractérisent le spectre des gaz. Mais les liquides aussi donnent un spectre continu ; par conséquent la lumière solaire peut, en majeure partie, émaner de son noyau en fusion, et même des couches profondes de sa photosphère où, sous une énorme pression, et à des températures dont nous ne pouvons nous faire une idée nette,

toute la matière est à l'état critique, intermédiaire
entre l'état liquide et l'état gazeux.

Arago, en adoptant cette hypothèse invrai-
semblable de la solidité du noyau du Soleil, avait
évidemment pour but d'expliquer les apparences
présentées par les taches qui se produisent à sa
surface et qui, en effet, à la première impression, ressemblent à des trous ouverts à travers

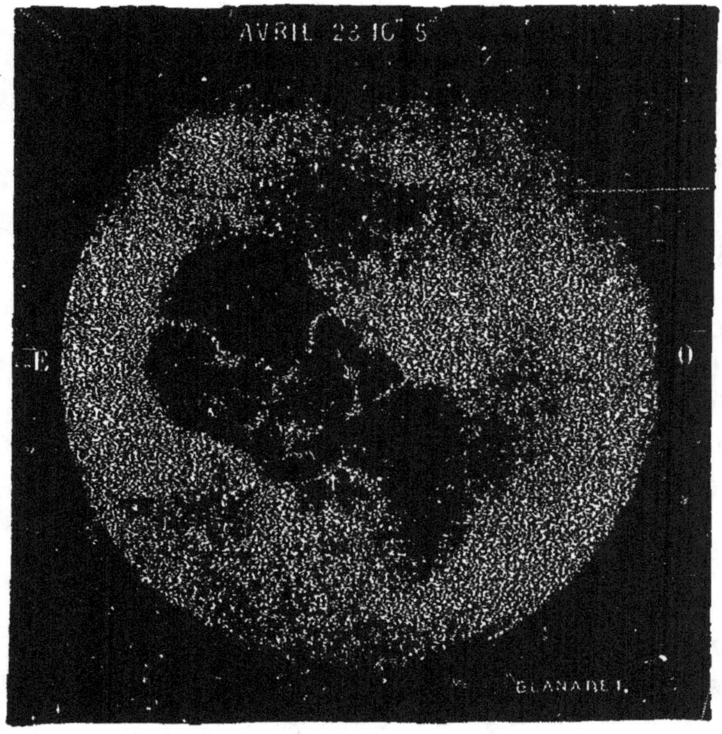

Fig. 18. — Tache solaire du 23 avril 1872.

la photosphère et la chromosphère et laissant
apercevoir un corps obscur. Mais le fond de ces
trous apparents ne paraît obscur que par com-

paraison avec la vive lumière des régions voisines
et ils ressemblent assez bien, en effet, à des déchi-
rures dans des couches de nuages lumineux. En
réalité, les centres les plus sombres des taches
solaires sont encore des milliers de fois plus lumineux que toutes nos lumières terrestres (fig. 18).

D'après l'aspect de ces taches, la supposition
la plus plausible, c'est qu'elles sont formées par
des jets de vapeurs métalliques, émanant du
noyau à des températures très élevées, mais encore
voisines, pourtant, du point d'ébullition des métaux qui les constituent, et, sinon bien inférieures
à celles des gaz déjà formés à travers lesquels
elles s'ouvrent passage, du moins à un état beaucoup moins lumineux. Ces jets de vapeurs seraient des éruptions volcaniques se faisant jour
à travers l'atmosphère lumineuse du Soleil.
Comme les panaches éruptifs de nos volcans,
leur forme générale serait celle de cônes, rendus
plus ou moins irréguliers par les obstacles qu'ils
rencontrent dans les masses gazeuses qu'ils
trouent et par leurs courants tourbillonnaires.

Il faudrait admettre que le noyau liquide du
Soleil, aux températures si élevées qu'il subit
sous la pression énorme de son atmosphère, est
constamment, non pas à cet état de *surfusion*
par défaut de chaleur qui maintient la liquidité
d'un corps à des températures inférieures à son
point de fusion, mais, au contraire, à un état de
sur-liquéfaction, par excès de pression, qui peut
retarder presque indéfiniment son point de volatilisation, et qui, dans nos chaudières à vapeur,
maintient une certaine quantité d'eau liquide.

bien que la température y soit bien supérieure à 100°.

On conçoit aisément que si tel est l'état de contrainte des couches superficielles du noyau liquide du Soleil, il doit suffire d'une faible diminution de la pression atmosphérique, sur un point donné, pour que les couches métalliques surliquéfiées, se vaporisent avec explosion, en émettant avec violence des jets de vapeurs, lourdes et relativement obscures, qui trouent violemment la photosphère lumineuse et la chromosphère translucide en les écartant et les déchirant irrégulièrement, et en figurant ainsi, dans les deux enveloppes du Soleil, une sorte de cratère conique. Mais ce cratère, loin d'être vide, est, au contraire, rempli de matériaux gazeux beaucoup plus denses, qui s'élèvent, en vertu, non de leur légèreté relative, mais de la puissante force de projection dont ils sont animés par leur vaporisation soudaine.

Plusieurs faits de diverses sortes appuient cette hypothèse. C'est d'abord que les taches du Soleil se produisent presque exclusivement dans deux zones situées entre 10° et 30° de latitude héliocentrique, des deux côtés de son équateur, justement aux latitudes ou la force centrifuge, développée par la rotation, est, non pas à son maximum, mais où elle s'accroît le plus rapidement, et où, par conséquent, la pression centripète de l'atmosphère diminue aussi le plus vite, n'étant plus exactement opposée à la force centrifuge dans le même plan.

Si, à cette cause constante et régulière de

dépression, se joint la cause locale d'un courant
atmosphérique ascendant, résultant d'une élé-
vation locale de la température des couches
profondes, l'éruption explosive des surfaces
liquides sous-jacentes en résulte nécessairement, mais avec des proportions très variables.
Or, un des caractères les plus frappants des
taches solaires, c'est leur extrême variabilité de
grandeur. Tandis que les unes sont des points
à peine visibles, d'autres sous-tendent plusieurs
secondes d'arc, ce qui, à la surface solaire,

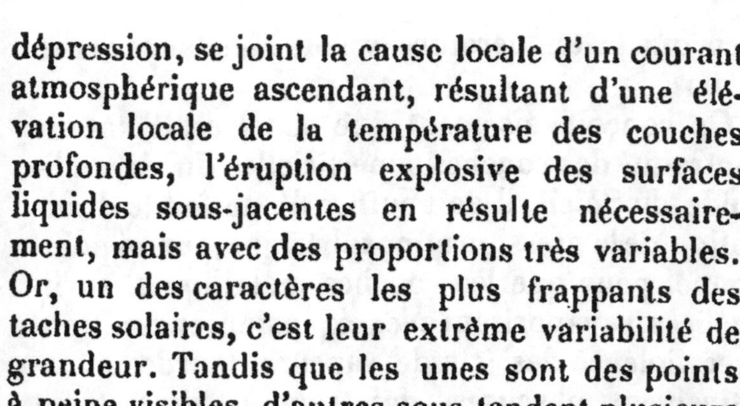
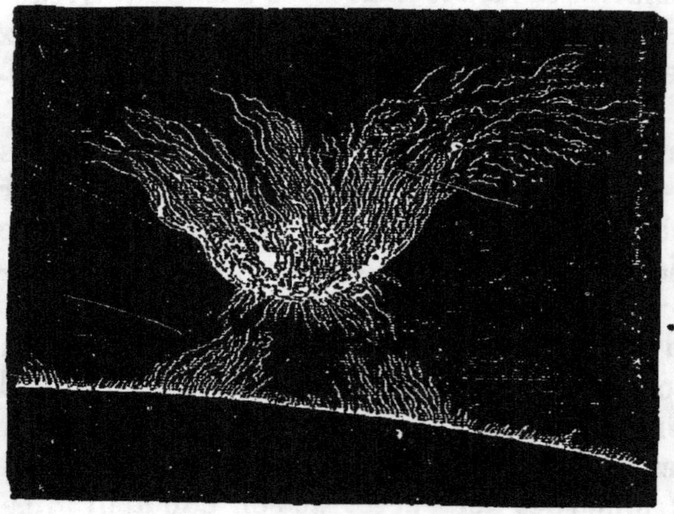

Fig. 19. — Protubérance observée le 25 août 1872, de 10 45 m.
à 11 h. 14 m. (hauteur 88″). Le jour suivant la grandeur était
moindre; la forme était restée presque la même.

représente des étendues considérables, puisque
sur la surface solaire, vue de la terre, une
seconde d'arc vaut près de 360 kilomètres, en
nombre rond.

La grande tache solaire ou groupe de taches

contiguës, observée à Lisbonne le 23 avril 1872 (fig. 18), avait un diamètre maximum plus grand que le demi-diamètre du Soleil, et par conséquent plus grand que son rayon, qui est de 691.623 kilomètres. Il était moins étendu dans une direction perpendiculaire, et fort irrégulier, ayant l'aspect d'un groupe de cratères lunaires. En somme, ce groupe détaché couvrait au moins 75 billions

Fig. 20. — Protubérance solaire, 7 juillet 1872, 3 h. 50 m.

de kilomètres carrés de la surface solaire ou plus de 140 fois la surface de la Terre. C'est une des plus grandes tempêtes solaires que nos astronomes aient enregistrées.

Lorsqu'une petite dépression locale a produit une petite tache, le courant ascendant qui en résulte tend à augmenter la dépression qui en a déterminé la formation et à l'agrandir; et plus elle s'accroît en étendue, plus elle a de force pour s'agrandir encore, jusqu'à ce que diminue la tension locale du liquide sous-jacent. On conçoit ainsi comment chaque tache tend d'abord à s'élargir, puis, peu à peu, diminue. De même que sur la Terre, deux dépressions atmosphériques voisines tendent à se confondre en une dépression plus vaste, de même les petites taches solaires semblent s'attirer pour se réunir en une tache plus étendue. Puis, comme elles se sont unies et confondues, elles se fractionnent et se séparent. On voit alors comme des ponts lumineux se jeter en travers des grosses taches et les diviser irrégulièrement. Puis chaque partie se résorbe lentement. Le trou noir se referme dans la photosphère et, peu après, sa pénombre disparaît également dans la chromosphère. Le cataclysme local est terminé et toutes les forces sont rentrées dans leur équilibre moyen.

Ces orages éruptifs existent toujours sur le Soleil, mais en nombre toujours très variable. Chacun d'eux persiste plus ou moins longtemps. Certaines taches durent plus longtemps qu'une rotation entière du Soleil. On les voit courir à sa surface, d'occident en orient, à mesure que le Soleil tourne lui-même en 25 jours. C'est ce déplacement des taches du Soleil qui a permis de mesurer la durée de sa rotation.

On s'est même demandé si la rotation des taches était bien celle du globe sous-jacent, et si elles n'ont pas un mouvement propre de transport. Mais si notre hypothèse est exacte, chaque tache serait bien fixée au point sous-jacent de la surface où elle se produit; toutefois, de même que nos dépressions atmosphériques se déplacent sur la surface de la Terre, de même les taches solaires peuvent aussi se déplacer, mais la loi de

leur déplacement, comme celle de nos tempêtes, ne saurait leur faire suivre des parallèles à
l'équateur; si bien que tout déplacement des
taches solaires en lignes parallèles à l'équateur
doit être attribué à la rotation, presque sans
erreur possible, si ce déplacement se produit
avec une vitesse régulière.

Cette théorie des taches solaires est encore
appuyée sur un autre ordre de faits.

Lorsque le Soleil est éclipsé par la Lune et que
la silhouette de notre satellite se projette exactement sur le disque du Soleil, le cachant complètement, on aperçoit sur les bords du Soleil ce qu'on
a nommé *les protubérances roses* (fig. 19 à 34).

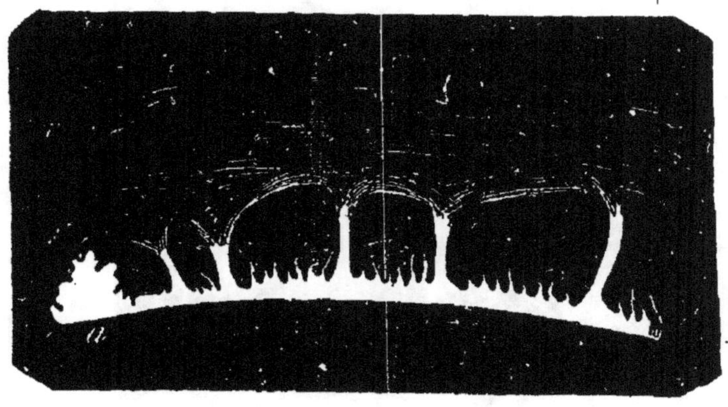

Fig. 21. — Protubérance solaire observée, le 7 septembre 1871
en Amérique.

Ce sont comme des flammes pourpres, qui
jaillissent irrégulièrement du limbe du Soleil,
dans une direction généralement verticale à
leur base, mais qui s'inclinent ensuite en divers
sens, se ramifient en panaches, se recourbent en
volutes, en spirales, présentant les aspects les

plus divers et les plus changeants. Certaines de
ces flammes ont plusieurs centaines de kilomètres de hauteur, et la rapidité avec laquelle
elles s'élèvent dépasse l'imagination.

Dans une observation, faite en Amérique le
7 sept. 1871, d'une remarquable éruption solaire,
certaines flammèches, détachées du bord du
Soleil, s'en étaient éloignées à plus de 3oo.ooo
kilomètres en 10 minutes (fig. 22). Certains jets

Fig. 22.— Explosion solaire du 7 septembre 1871.

atteignirent à une hauteur angulaire de 7 minutes, avec des vitesses moyennes de 267 kilomètres à la seconde.

L'analyse spectrale fait reconnaître que ces
jets enflammés sont formés d'hydrogène incan-

Fig. 23. — Fin de l'explosion solaire du 7 septembre 1871.

descent qui s'élance de la chromosphère, sous
l'action des forces intérieures.

Or, ces jets se manifestent principalement sur

Fig. 24. — Protubérance solaire du 7 juillet 1872, 6 h. 40 m.

les points des bords du Soleil où se trouvent,
pour le moment, des taches dans leur période

de formation; c'est-à-dire dans leur période éruptive.

Le 11 juillet 1872 le père Secchi vit, au bord

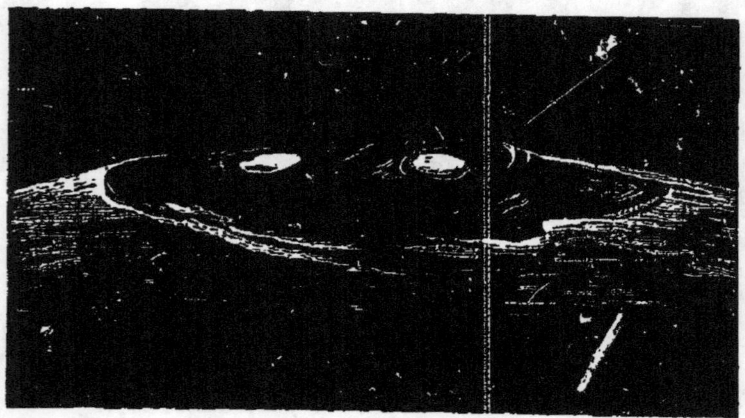

Fig. 25. — 11 juillet 1872, 5 h. 30 m. Grande facule du bord.

du Soleil, une tache environnée de facules très vives former une sorte de protubérance cratériforme, qui dépassait le disque solaire en deux points (fig. 25). Peu d'heures après, l'éruption était en pleine activité. Du bord du Soleil, s'élançaient des jets très vifs et très denses, de hauteur médiocre, mais formant une masse compacte. Près de cette masse, se trouvaient des jets filiformes, élevés à plus de 1'3", tournés en spirales et en arcs de cercle. La masse brillante passa par des phases très curieuses : après s'être évanouie à 9 h. 55 m., elle fut remplacée par un cumulus très élevé, oblique, de forme ovale, qui se transforma, dans l'intervalle de quelques minutes, en un nuage de forme ordinaire, émettant vers le bas une pluie de feu surprenante. A 10 h. 7 m., l'intensité fut maximum, et ensuite tout s'évanouit (fig. 26, 27).

En reprenant l'observation à 4 h. 45 m., on

Fig. 26. — Eruption d'hydrogène. 13 juillet 1872, 11 h. 35 m.

fut étonné de voir l'éruption ranimée sous une forme différente et tout à fait exceptionnelle. L'ensemble avait l'aspect d'un bateau ; les jets, volumineux et très vifs, sortaient obliquement de la tache à droite et à gauche, et tournaient leur convexité du côté du bord du soleil (fig. 25). C'était l'aspect d'un vaste incendie, dans lequel un vent vertical écarterait les flammes de tous côtés. Cette

Fig. 27.— Eruption d'hydrogène. 3 avril 1873, 8 h. 45 m. — 259".

apparition dura un quart d'heure, puis les jets prirent leur apparence ordinaire, et, à 6 h. 20 m., l'aspect était celui d'un vaste cratère de feu, déprimé au milieu d'où sortait capricieusement un jet très délicat, filiforme et ramifié, se soulevant d'abord verticalement, se repliant et se divisant au sommet (fig. 29).

Le jour suivant (12 juillet), les éruptions continuèrent, toujours intermittentes et se renouvelant à des intervalles de quatre à cinq heures ; mais elles furent moins vives.

Fig. 28. — Éruption d'hydrogène 3 avril 1873, 9 h. — 372".

Le 13, on eut encore un reste d'éruptions, mais elles consistèrent en panaches d'hydrogène diffus, parmi lesquels on vit la belle figure 28. Le 14, tout était éteint.

Que deviennent ces jets d'hydrogène incandescent qui s'élancent ainsi de la surface du Soleil? Peuvent-ils y retomber après s'être refroidis ? Il est évident qu'il doit se produire une circulation active dans le sens vertical entre les éléments gazeux, refroidis par leur rayonnement dans l'espace, et ceux qui jaillissent du noyau à des températures plus éle-

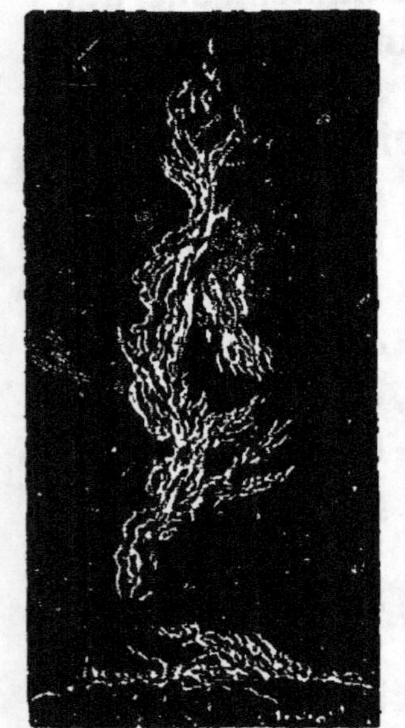

Fig. 29. — Éruption d'hydrogène. 3 avril 1873, 9 h. 10 m. — 7'20" = 440".

A.

Fig. 30. — 9 heures matin.

B.

Fig. 31. — 12 heures 10 m.

C.

Fig 32. — 1 heure 59 m.

D.

Fig. 33. — 2 heures 15 m. — Protubérances changées

E.
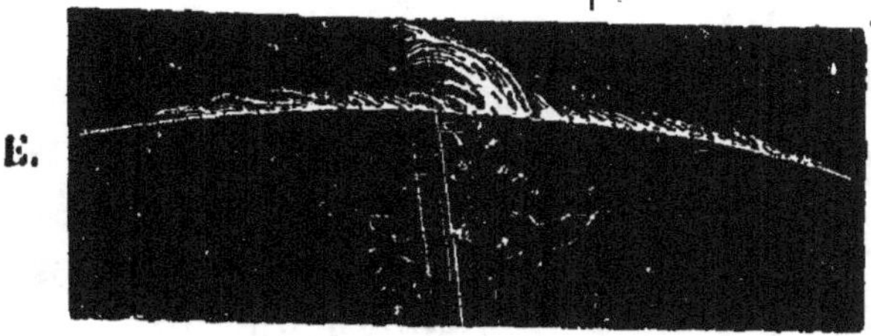

34. — 24 janvier 1874. La tache s'avance
Fig. 30 à 34. — Tache produite par une éruption solaire. 23 janvier 1847

vées. Mais à la surface du Soleil jamais la température ne s'abaisse assez bas pour que les vapeurs projetées par elles puissent s'y condenser en pluies. On pourrait l'admettre, tout au plus, pour les lourdes vapeurs métalliques projetées par les centres des taches, et ce sont évidemment ces nuées de vapeurs lourdes qui déterminent la projection des jets d'hydrogène de la chromosphère.

Ceux-ci, une fois lancés, doivent se mêler à l'atmosphère coronale du Soleil, qui, durant les éclipses, rayonne dans le ciel sombre autour du Soleil comme une gloire, formée de rayons inégaux en éclat et en longueur.

Cette atmosphère extérieure du Soleil est, en effet, encore constituée par de l'hydrogène, mais à un état extrême de dilution, car cette atmosphère, d'une immense étendue mal limitée, mais au moins égale en hauteur à un rayon du Soleil, a été traversée par des comètes à leur périhélie sans les faire tomber dans le Soleil et même sans retarder sensiblement leur marche. Elle existe toutefois, et participe de la nature des gaz pesants; car, en outre d'une faible lumière propre qui devient visible seulement quand la surface du Soleil est occultée par la Lune, elle émet aussi de la lumière solaire polarisée, c'est-à-dire réfléchie et l'analyse spectrale montre que cette atmosphère est gazeuse, et, par conséquent, formée d'un fluide continu, et non d'éléments solides dispersés, comme les nébulosités cométaires.

Ce n'est pas encore la dernière enveloppe du Soleil.

Dans les contrées équinoxiales, et, plus rarement, sous les ciels brumeux de nos régions tempérées, après le coucher de Soleil, on distingue sur le bord occidental du ciel, dans la direction où le Soleil vient de disparaître, une sorte de fuseau lumineux dont l'axe est toujours couché sur l'écliptique, ou à peu près.

C'est la lumière zodiacale, immense et brillante enveloppe du Soleil, de forme très elliptique, qui s'allonge parallèlement à son équateur et brille seulement d'une lumière réfléchie qu'elle lui emprunte.

Aux équinoxes, le grand axe de cette atmosphère s'élève parfois verticalement dans le ciel jusqu'à plus de 60°, à des distances angulaires du soleil qui atteignent presque le quart de cercle.

Cette enveloppe solaire atteint presque l'orbite de la terre et embrasse celle de Vénus et de Mercure.

Si, emportée dans la rotation du Soleil, elle tournait avec lui, elle devrait donc, si elle est constituée de matière pesante, non pas retarder le mouvement de ces trois planètes, mais, au contraire, tendre à le précipiter, puisqu'elle ferait sa révolution dans une période de 25 jours.

Il faut donc admettre que, si elle a un mouvement, il est indépendant de la rotation du Soleil. M. Flammarion, qui l'a observée à Paris, un soir où elle brillait d'un éclat exceptionnel, comparable à celui de la voie lactée, a émis à ce sujet une hypothèse intéressante. Il suppose que cette enveloppe elliptique du Soleil ne suit pas son mouvement de rotation tout d'une pièce, mais se compose de zones concentriques, ayant chacune leur mouvement propre ; et que leur vitesse augmente en approchant du Soleil, suivant la loi de Képler ; de sorte que justement la zone dans laquelle chaque planète accomplit sa révolution tournerait avec la même vitesse qu'elle-même, et, par conséquent, n'en serait, ni retardée, ni accélérée dans son mouvement.

De plus, cette enveloppe du Soleil, loin d'être constituée par un fluide extrêmement dilué, serait, comme les nébulosités cométaires, formée d'une multitude de parcelles solides très petites.

Mais alors cette dernière hypothèse suffit à tout expliquer, puisque tous ces petits corps, sans adhérence mutuelle, devraient naturellement décrire tous leur ellipse indépendante autour du Soleil, dans des périodes et avec des vitesses déterminées par les lois de Képler, au moins d'une façon générale et abstraction faite de leurs perturbations mutuelles. De plus, ces très petits corps tournant tous dans le même sens que les planètes et presque parallèlement, puisque toutes leurs orbites sont comprises dans le Zodiaque, ne pourraient, en effet, ni retarder, ni précipiter leur mouvement. Il serait aussi tout naturel que leur lumière fût exclusivement de la lumière solaire réfléchie.

De plus, cette dernière enveloppe solaire, s'étendant jusqu'à notre globe, expliquerait qu'il soit, en tous les temps, visité par des étoiles filantes et des bolides qui n'ont que l'inconvénient, peu senti jusqu'à ce jour, de nous menacer de recevoir de temps à autre quelque pierre dans nos champs et nos parcs et voire sur nos têtes, bien que je ne sache pas qu'un exemple de ce dernier cas se soit jamais présenté.

Mais si l'enveloppe zodiacale du Soleil est ainsi formée de tous les petits corps solides qui circulent autour de lui dans sa sphère d'action, il n'est pas probable qu'ils cessent tout à coup d'exister plus près de lui, aux distances où se manifeste sa couronne pendant les éclipses. Cette couronne devrait donc être la partie la plus intérieure et la plus dense de l'ellipsoïde zodiacal, dans lequel, en même temps que des corps solides, pourrait exister de l'hydrogène très dilué, encore un peu lumineux par lui-même, et qui serait projeté à ces distances par les flammes des protubérances, dues elles-mêmes aux éruptions de vapeurs qui forment les taches solaires. De sorte qu'entre tous ces phénomènes si dictincts se manifesterait cette loi générale de continuité et de causalité réciproque qui est le fondement même de l'ordre du monde.

Si les taches solaires sont le phénomène principe, le fait fondamental de cet enchaînement, existe-t-il une loi qui règle leur périodicité?

Cette périodicité est constatée. Dans une durée de dix à onze ans, le nombre des taches qui se produisent à la surface du soleil, leur grandeur et la proportion de la surface solaire sur laquelle elles se développent passent d'un minimum à un maximum, avec des minima et maxima secondaires. A quel ordre de faits attribuer cette périodicité qui répond sur notre globe à la période de variation de l'intensité magnétique de même durée et qui présente les mêmes inflexions dans ses courbes.

On ne voit pas du tout, au premier abord, quelle relation peut exister entre les deux ordres de phénomènes. On peut même affirmer que cette relation directe ne peut exister.

Mais il peut y avoir une relation indirecte, parce que les deux séries de faits peuvent être commandées par une autre série de faits tout différents, mais de même période.

Cette période, en effet, nous la retrouvons dans la durée de la translation de Jupiter autour du Soleil.

Il est évident, d'après ce qui se passe sur la terre, que le mouvement de translation des planètes autour du Soleil doit déterminer à sa surface des marées, comme celles que le mouvement de la Lune produit chez nous. Leur intensité seule peut différer. Parmi les planètes qui doivent surtout influer sur les marées solaires, il faut d'abord compter Jupiter, à cause de sa grosseur, et Vénus, à cause de sa proximité. Mercure, au contraire, est trop petit, bien qu'il soit plus gros que la Lune et à peu près à la même distance relative de la surface du Soleil mesurée en rayon de cet astre (1). La Terre au contraire est trop loin pour agir beaucoup, avec une masse peu supérieure à celle de Vénus. Quant à Saturne, Uranus et Neptune, leur éloignement rend leur action tout à fait négligeable.

(1) La distance de la Terre à la Lune étant de 60 rayons terrestres, celle de Mercure au Soleil est d'environ 64 à 65 rayons solaires.

La période des marées solaires est donc surtout déterminée par la durée de la translation de Jupiter et par les coïncidences de ses conjonctions avec Vénus aux mêmes longitudes. Or, pendant la durée d'une révolution de Jupiter, Vénus en fait 19,25. Elle en fait un peu moins de 18 dans 11 ans. Tous les 11 ans, il se produit donc deux années successives pendant la durée desquelles Jupiter et Vénus se trouvent deux fois ensemble du même côté du Soleil, sinon aux mêmes longitudes, du moins à des longitudes assez voisines. Par conséquent, leurs effets s'ajoutant, la marée solaire que leur conjonction provoque atteint un maximum. Aux époques intermédiaires, c'est le contraire qui se produit : les deux marées se retranchent l'une de l'autre par ce fait qu'elles ne se manifestent pas ensemble. Enfin, la Terre, tous les onze ans, ajoute le contingent de sa petite marée annuelle au phénomène commun.

L'action de ces corps sur le Soleil étant surtout de diminuer les pressions locales, en diminuant l'action de la pesanteur, si considérable sur le Soleil, on voit comment et pourquoi ces marées planétaires dans le Soleil doivent avoir pour effet direct et immédiat de provoquer la formations des taches ; c'est-à-dire les phénomènes éruptifs dont elles sont la conséquence et l'indice.

Mais la formation de ces taches détermine aussi une plus grande activité thermique du Soleil, une plus abondante émission d'hydrogène incandescent. Les années où le Soleil produit beaucoup de taches, il doit donc, en moyenne, rayon ner plus de chaleur, et la Terre, pour sa part, en reçoit davantage. Par conséquent, les courants thermo-électriques qui circulent autour d'elle lui communiquent une aimantation plus énergique, et l'on voit ainsi comment, par l'intermédiaire des marées solaires, la période de variation des taches du Soleil peut coïncider avec la période de variation de l'intensité magnétique sur la terre, bien qu'entre ces deux ordres de faits il n'y ait aucune relation directe.

Mais, pour que cette relation même indirecte existe, il faut qu'il existe une variation de même période dans la température moyenne de la terre. Cette variation périodique existe-t-elle ? On commence seulement à la déduire des observations météorologiques. Mais celles-ci sont enregistrées depuis moins d'un siècle seulement avec des procédés et des méthodes qui les rendent comparables.

Elles ne sont recueillies avec soin qu'en Europe et depuis peu de temps en Amérique ; mais elles font défaut dans toute la zone équatoriale, et surtout en Afrique, ce grand foyer de la chaleur terrestre. C'est pourquoi toutes celles qu'on recueille chez nos peuples civilisés ne peuvent donner que des résultats incomplets qui manquent de clarté.

Toutefois, il est impossible de ne pas reconnaître dans les suites d'observations, déjà enregistrées et comparées, la trace d'une période de 10 à 11 ans, durant laquelle, assez régulièrement, d'après les moyennes annuelles, une série de quatre ou cinq années chaudes alterne avec une série de cinq ou six années froides.

Mais comme nous n'avons guère que les résultats des observations d'un seul hémisphère, il
en peut résulter de grandes erreurs, puisque nos
hivers doux peuvent coïncider avec des étés plus
ou moins ardents de l'hémisphère austral ; tandis que notre été suivant peut être tempéré, avec
un grand froid dans les régions australes. Chez
nous, dans le Nord, nous enregistrerions une année
tempérée et une moyenne annuelle normale ; pour
les Australiens, elle serait tout le contraire.

X

LES ÉTOILES

Le Soleil est une étoile, et toutes les étoiles sont des soleils. Cette hypothèse géniale de Giordano Bruno, qui, d'ailleurs, ressortait du système de Kopernic, comme sa conséquence logique, est aujourd'hui confirmée par la science avec une entière certitude.

Par analogie, il faut en conclure que chaque étoile est, selon toutes probabilités, le centre d'un système analogue au système solaire; qu'elle a son cortège de planètes, elles-mêmes entourées de satellites.

On peut même prévoir qu'il existe des univers plus complexes encore, dont les satellites primaires sont les centres de mouvement d'autres corps plus petits.

Notre Soleil, en effet, est une étoile de grandeur moyenne. Il en existe de beaucoup plus grosses ; d'autres plus petites.

Mais il y a lieu de croire qu'il y a des limites à leur petitesse et même à leur grandeur.

Si leur température, déterminée par la pression de leur masse sur elle-même, est proportionnelle à cette masse, la température de trop petites masses ne peut être assez élevée pour les amener à l'état de fusion totale, de façon à les rendre lumineuses Les planètes ne seraient donc obscures que parce qu'elles sont trop petites pour être des soleils ; de sorte que la même cause qui rend les astres obscurs ou lumineux déciderait aussi de la subordination relative des astres obscurs aux astres éclairants.

Nous pourrions en conclure que l'espace ne renferme pas de gros corps obscurs contre lesquels nous ayons chance d'aller nous heurter, à tâtons. Cela nous expliquerait aussi comment certains systèmes peuvent avoir deux soleils tournant l'un autour de l'autre.

Si par exemple la masse de Neptune, au lieu d'être 1/19.700 de celle du Soleil et environ 16 fois plus grande que celle de la Terre, était égale à celle du Soleil, il en résulterait que sa sphère d'action, s'étendant à mi-chemin du Soleil, Uranus, qui n'est que 13 fois plus lourd que la Terre, graviterait autour du soleil-Neptune, tandis que toutes les autres planètes du système, y compris Jupiter et même Saturne, continueraient de circuler autour du Soleil, comme elles le font, ou, du moins, très à peu près, subissant toutefois, du fait de ce second Soleil, si voisin, certaines perturbations dans la loi de leur mouvement, et à peu près telles que celles que la Lune subit de la part du Soleil, dans son mouvement autour de la terre.

Toutes les planètes et tous les satellites de ce double système seraient alors éclairés par deux soleils, mais dont l'action calorifique et éclairante, plus ou moins inégale, serait en rapport inverse des carrés de leurs distances.

Ainsi le Soleil, vu de la terre, sous-tendant un angle de 32', le soleil-Neptune, trente fois plus éloigné, sous-tendrait seulement un arc de 1', et la chaleur qu'il enverrait à la terre serait seulement 1/900, à peu près, de celle du Soleil.

Jupiter, au contraire, verrait le soleil-Neptune sous un angle de 1' 46", et les pouvoirs calorifiques et lumineux des deux astres sur cette planète seraient entre eux dans le rapport 1/25 à 1/625, ou de 25 à 1.

Uranus, plus près de Neptune, le verrait sous un angle de 20', tandis que le Soleil lui apparaît sous un angle de 1' 6". La chaleur et la lumière des deux astres y seraient dans le rapport des carrés des fractions 1/19 à 1/11.

On peut se demander si deux astres égaux peuvent ainsi graviter l'un autour de l'autre. Il semble tout d'abord qu'ils devraient inévitablement tomber l'un sur l'autre par une chute réciproquement verticale et directe. Il n'en est rien. Pour qu'ils décrivent l'un autour de l'autre une même ellipse, il suffit que tous les deux soient animés d'une même vitesse acquise, perpendiculairement à la droite qui unit leurs centres, et que cette vitesse soit dans certaines proportions avec leur distance et leur masse.

Si ces conditions sont réalisées, les deux astres décriront une ellipse commune, en restant perpétuellement dans des positions diamétralement opposées, de sorte que cette ellipse aurait un rayon juste de moitié plus petit que l'ellipse théorique que chacun d'eux décrirait, autour de l'autre supposé immobile.

Toutefois, on conçoit que les conditions d'un pareil équilibre soient très rarement réalisées.

Si l'un des soleils est plus gros, il décrira autour de l'autre une ellipse de plus petit rayon, qui sera enveloppée par l'ellipse plus grande que décrira le plus petit.

De tels systèmes existent. On n'en doute plus.

Certaines étoiles, qui semblent simples à l'œil nu, se dédoublent, dans nos lunettes, en deux étoiles dont les positions relatives varient de façon à permettre de déterminer la trajectoire de l'une autour de l'autre. Très généralement, ces deux étoiles diffèrent en grandeur ; pourtant, parfois, leur différence est peu sensible.

Le nombre de ces étoiles doubles est considérable parmi les premières grandeurs. Si l'éclat des étoiles est, d'une façon générale et en moyenne, inversement proportionnel aux carrés de leurs distances à notre monde, on comprend que plus les étoiles nous semblent petites, plus il nous est difficile de les dédoubler ; puisque la distance mutuelle des deux étoiles composantes diminue en raison inverse de leur distance à nous.

Nous devons donc croire qu'une forte proportion des petits astres qui nous paraissent simples, sont, en réalité, des systèmes complexes.

Car il existe des systèmes triples, même quadruples, et d'autres plus riches encore. Nous sommes conduits à admettre que toutes les étoiles forment entre elles des groupes, peut-être subordonnés à d'autres groupes ; qu'il y a des étoiles-

Soleils autour desquelles circulent des étoiles-Planètes, et autour de celles-ci des étoiles satellites ; que toutes forment des groupements plus ou moins complexes, qui, indépendamment de leurs mouvements relatifs, sont entraînés dans l'espace d'un mouvement commun, dans une courbe fermée d'un immense rayon, qu'elles ne décrivent que dans des périodes dont la durée défie nos expressions numériques et dépasse la puissance de nos conceptions du temps.

D'après Secchi, toutes les étoiles de premières grandeurs, peut-être toutes celles qui sont visibles à l'œil nu, appartiendraient au même groupe que le Soleil, et circuleraient autour d'un même centre encore inconnu. Ce groupe circulerait lui-même dans une orbite, un peu inclinée au plan de la voie lactée, et se trouverait, en ce moment, un peu au sud de son plan moyen, du reste assez difficile à déterminer.

Lorsque, par une belle nuit, surtout quand l'atmosphère a été lavée de ses poussières par une pluie d'orage, du haut d'un point élevé qui laisse voir un horizon circulaire, on contemple le firmament, on voit les étoiles très inégalement distribuées sur le ciel.

Vers le nord, autour du pôle, indiqué par l'étoile polaire qui forme l'extrémité du timon du Petit Chariot, dans un cercle dont le rayon, complémentaire de la latitude, est à Paris d'environ 42°, toutes les étoiles décrivent, en 24 heures, des cercles concentriques, avec la même vitesse angulaire.

C'est le cercle de perpétuelle apparition, dont

les dernières étoiles passent chaque jour au zénith. A des déclinaisons boréales moins élevées,
jusqu'à la projection sur le ciel de notre équateur, les étoiles décrivent encore des cercles concentriques tous inclinés à l'horizon des mêmes
angles ; mais on les voit successivement se lever
à l'Orient, au-dessus de l'horizon, et, après avoir
atteint leur plus grande hauteur en traversant
le méridien du lieu, elles redescendent vers l'occident et, l'une après l'autre, y disparaissent sous
l'horizon. Au delà, il existe encore une zone, égale
en largeur à la latitude du lieu, et symétrique de
celle qui sépare le cercle de perpétuelle apparition, de l'équateur céleste, où les étoiles se lè-
vent également à l'Orient et, après avoir culminé
au méridien, redescendent à l'occident pour y
disparaître en décrivant leurs courbes obliques.
Une quatrième zone du ciel, le cercle de perpétuelle occultation, de même rayon que le cercle
de perpétuelle apparition, nous reste toujours
invisible.

Ce mouvement diurne des étoiles, tout apparent, dépend du mouvement de rotation de la
terre en sens contraire, c'est-à-dire d'Occident en Orient. Il n'a rien de réel. C'est nous
qui tournons sous la sphère céleste immobile.

A mesure qu'on s'avance vers les pôles, les
deux cercles de perpétuelle apparition et de perpétuelle occultation augmentent de rayon, et
l'observateur qui serait placé au pôle même ne
verrait jamais qu'une moitié des étoiles mais les
verrait constamment décrire leurs cercles entiers
autour de lui, parallèlement à l'horizon.

A mesure, au contraire, qu'on s'avance vers l'équateur, les cercles de perpétuelle apparition et de perpétuelle occultation diminuent, et, dans les deux hémisphères du ciel, on voit un plus grand nombre d'étoiles décrire sur le ciel leurs cercles incomplets, parallèlement à l'équateur et de plus en plus perpendiculaires à l'horizon.

À l'équateur même, cette perpendicularité des courbes stellaires avec l'horizon devient parfaite, et l'on voit successivement toutes les étoiles du ciel se lever à l'est et disparaître à l'ouest les unes après les autres. L'étoile polaire, seule, reste immobile à l'horizon boréal, et son chariot pivote autour d'elle, comme, à l'horizon austral, la belle Croix-du-Sud pivote presque sur elle-même.

Mais même à l'équateur, pour voir se lever et se coucher toutes les étoiles du ciel, il faut deux nuits entières, en deux saisons opposées, séparées par un intervalle de six mois, puisque partout la lumière du Soleil efface pendant le jour la lumière de celles qui se trouvent alors sur l'horizon.

Ce qui frappe tout d'abord dans cet examen total de la sphère étoilée, c'est la distribution inégale des étoiles sur toutes les parties du ciel, que la trace lumineuse de la Voie Lactée sépare en deux hémisphères un peu inégaux en étendue. Sa trace moyenne n'est pas celle d'un grand cercle. Elle est presque tout entière comprise dans l'hémisphère où se trouve, à environ 15° de son bord, le pôle boréal ; tandis que, dans l'hémisphère austral, sa distance du pôle austral est d'environ 20°. Son inclinaison moyenne à l'équateur est donc d'environ 85°, c'est-à-dire presque perpendiculaire. (Voy. la planisphère céleste, planche hors texte.)

Cette zone lumineuse est très inégale en largeur, dans toute son étendue. En certains points elle se rétrécit considérablement, jusqu'à ne plus sous-tendre que quelques degrés. Sur ces mêmes points, elle se contourne et s'infléchit en divers sens, comme se repliant sur elle-même en spirales. Autre part au contraire, elle s'épanouit, s'élargit, mais en se trouant d'espaces obscurs ou en se divisant en rameaux de largeurs et de longueurs inégales. Sur les points où elle est le plus étroite, sa lumière totale est plus égale et plus intense, mais moins résoluble en étoiles distinctes par nos lunettes; tandis que sur les points où elle s'élargit, sa lumière, plus diffuse, plus pâle, laisse percer par millions les petites étoiles des dernières grandeurs visibles avec les plus puissants instruments.

La Voie Lactée ne donne donc pas l'impression d'une zone régulière dans laquelle des étoiles seraient également espacées. Ce n'est pas un fleuve sidéral, coulant avec calme des eaux tranquilles, dont les étoiles seraient les gouttes, et suivraient toutes des routes parallèles avec des vitesses sensiblement égales. Ainsi que l'exprimait Arago, bien avant Secchi, la voie lactée donne l'idée de groupes, plus ou moins étendus et très serrés, d'étoiles d'éclat très variable, se projetant les uns sur les autres, de façon à demeurer plus ou moins distincts ou, à se confondre complètement. Il y a ainsi des points où elle paraît relativement vide et de mince épaisseur, s'étendant surtout en largeur. Sur d'autres points les groupes se pressent, s'enchevêtrent dans les mêmes rayons visuels, de façon à se confondre dans une même lueur totale, mais donnant toujours l'impression que leur seule distance empêche d'en distinguer les unités constituantes, confirmant ainsi l'hypothèse géniale de Démocrite qui, le premier, dit que la Voie Lactée était formée d'étoiles trop rapprochées les unes des autres pour les distinguer.

A partir de la Voie Lactée, des deux côtés de cette ceinture lumineuse du ciel qui est le véritable zodiaque céleste, les étoiles, bien que plus distinctes, restent très rapprochées. C'est un fourmillement stellaire. Mais cette densité diminue, progressivement, à mesure que le regard, s'éloignant des bords de la voie Lactée, approche de ses pôles où les étoiles, en général, mais surtout les petites, se font remarquablement rares.

Même les belles étoiles des trois premières grandeurs se montrent en bien plus grand nombre près de la zone lactaire que vers ses pôles, ou même se projettent sur elle.

Ainsi, en commençant par le pôle boréal, on voit se dessiner, sur une des régions lactaires les plus lumineuses, la brillante Cassiopée, suivie par le beau groupe de Persée, avec Algol ou la tête de Méduse, de première grandeur. Plus loin, c'est la belle étoile du Cocher, avec la Chèvre, qui sont un peu en dehors de la zone lactaire, du côté du nord ; tandis que, les bril lantes étoiles du Taureau et l'étincelant trapèze d'Orion s'en écartent au sud, mais en laissant leurs petites étoiles se projeter sur elle ainsi que le triangle des Gémeaux et les deux belles étoiles du Petit Chien.

Entre Orion et le Petit Chien, la Voie Lactée passe dans l'hémisphère austral, où Sirius, la plus magnifique étoile du ciel, se montre sur son bord. En ce point, la zone lactaire est réduite à son minimum de largeur, et les grandes étoiles s'y font rares pendant environ vingt degrés. Mais en approchant du pôle austral, on voit se projeter sur elle dix à douze belles étoiles, celles du navire Argo, dont la plus brillante, Canope, s'éloigne du côté du Sud. Un peu plus près du pôle austral, brille la belle étoile primaire le Chêne de Charles II, l'éclatante Croix-du-Sud et les deux superbes étoiles, Alpha et Béta du Centaure, qui sont probablement les plus rapprochées de nous, et qui se projettent sur une région de la Voie Lactée où elle s'épanouit et brille d'un vif éclat, livrant aux observations télescopiques des milliers d'étoiles. Plus loin, sur une région où la Voie Lactée s'efface, mais s'élargit considérablement, en nébulosités diffuses et mal terminées, on voit les quatre jolies étoiles de l'Autel et, contournant son bord boréal, les cinq belles étoiles de la queue du Scorpion, dont le brillant Antarès, de première grandeur, forme le cœur, plus au nord, tout près de l'écliptique.

En ce point, la Voie Lactée s'est divisée en deux branches, laissant entre elles un large vide obscur, sur lequel se projettent seulement

les étoiles de deuxième ou troisième grandeur
de l'Ecu de Sobieski, du Serpent et d'Ophiuchus,
dont une partie, surtout la plus brillante, appartient à l'hémisphère boréal, où elle se montre
un peu au nord de la nébulosité lactaire ; tandis
que, sur le bord de sa branche australe, se
projette le Cœur de l'Aigle, Altaïr, de première
grandeur. Presque en face, au nord de la branche boréale, brille Wéga ou la Lyre, la plus
brillante des étoiles boréales, et, plus près du
pôle, entre les deux branches de la Voie Lactée,
au point même où elles se réunissent, est le
Cygne, ou Croix-du-Nord, avec sa belle étoile
Deneb, de première grandeur, qui nous ramène
à Cassiopée, notre point de départ, entre les jolies
constellations de Céphée et les trois belles étoiles
d'Andromède.

Toutes ces étoiles sont réparties dans une zone
céleste de quinze à vingt degrés en largeur, de
part ou d'autre du plan lactaire moyen, qui renferme ainsi les plus belles étoiles et certainement
les plus voisines du Soleil.

Dans toute l'étendue des deux calottes sphériques que cette zone sépare, on ne trouve plus,
parmi les étoiles boréales de première ou de deuxième grandeur, que les sept étoiles du Grand
Chariot ; la Perle, de la Couronne Boréale ; la
brillante étoile du Bouvier, Arcturus ; l'œil et la
queue du Lion, Régulus, et Dénébola ; l'Épi de
la Vierge et le Cœur de l'Hydre.

Quant à la calotte sphérique australe, les seules belles étoiles qu'elle renferme, en dehors de
la grande zone lactaire, sont, dans l'hémisphère

austral, la brillante étoile Fomalhaut, du Poisson Austral, et Achernar, de l'Eridan ; puis, dans l'hémisphère boréal, Algeneb de Pégase, et Alpha du Bélier, qui ne s'éloigne guère plus de la zone lactaire que la belle étoile du Taureau, Aldébaran, et les étoiles d'Orion.

L'hypothèse de Secchi, selon laquelle toutes ces étoiles appartiendraient, avec notre Soleil, à un même groupe elliptique, emporté d'un mouvement commun dans le grand fleuve stellaire de la Voie Lactée, dont il constituerait ainsi l'un des tourbillons, acquiert une grande vraisemblance par cette distribution des étoiles des premières grandeurs, qui constitueraient ainsi les étoiles les plus voisines de nous, celles, par conséquent, qui, en vertu des lois de Képler et de Newton, doivent suivre des routes parallèles à la nôtre avec des vitesses de même ordre, en gravitant ainsi presque de conserve autour d'un centre commun.

On comprendrait ainsi pourquoi, en dépit de tous ces mouvements particuliers dont elles sont animées, les principales étoiles de notre ciel gardent si sensiblement les mêmes distances relatives, en nous accompagnant dans l'espace, et continuent de dessiner sur le ciel les mêmes figures auxquelles les premiers observateurs ont donné les noms des constellations.

Dans ces capricieuses figures d'une géométrie irrégulière que les groupes d'étoiles dessinent et qui restent encore à peu près les mêmes qu'il y a deux mille ans, bien que dans la suite indéfinie des temps elles doivent changer et se dis-

soudre pour en former de tout autres, l'imagination des primitifs a vu des figures d'animaux
ou d'hommes. Ces groupements factices des
étoiles les plus voisines ne répondent à aucune
réalité. Entre ces étoiles, ainsi assemblées sous un
même nom, n'existe aucun lien, pas même celui
de la proximité réelle dans l'espace ; car elles
sont souvent placées à des distances de nous très
différentes et, par rapport à nous comme par
rapport à elles-mêmes, sur des plans bien différents. Aucune communauté de mouvements n'e-
xiste entre elles. Si les astronomes ont ainsi conservé les noms traditionnels des constellations ;
si même ils en ont ajouté d'autres, c'est simplement comme une méthode mnémonique, pour
désigner certaines régions du ciel. Toutes ces figures mythologiques, conservées sur certaines cartes célestes, ne font que les obscurcir, et maintenant, au lieu d'ourses et d'hydres, aux replis
tortueux, on sépare simplement les mêmes régions par des lignes, en désignant les étoiles de
chaque constellation, d'abord par les lettres
de l'alphabet grec, pour les premières grandeurs, puis par les lettres de l'alphabet latin pour
les moyennes, et enfin par des chiffres pour les
plus petites, et seulement quand elles sont si
nombreuses que les deux alphabets sont insuffi-
sants pour les désigner.

Mais pour des observations précises, la seule
désignation valable pour une étoile quelconque
est son lieu sur la sphère céleste, déterminé par
la rencontre de ses deux coordonnées, par rapport
à l'équateur céleste, c'est-à-dire son ascension

droite, analogue à nos longitudes, et sa déclinaison, analogue à nos latitudes terrestres.

C'est seulement par les petits changements observés dans ces coordonnées que les astronomes sont parvenus à constater et à mesurer les mouvements propres des étoiles, ou plutôt la projection de leurs mouvements sur la sphère céleste relativement au mouvement propre de notre Soleil.

Les énormes distances qui nous séparent des étoiles les plus voisines font que leurs déplacements, par rapport à nous, sont toujours très petits et semblent très lents, quand, au contraire, ils s'accomplissent avec une rapidité supérieure même à celle des mouvements planétaires.

Si l'on songe que leur diamètre, de même ordre, sinon de même grandeur, que celui de notre Soleil, sous-tend pour nos instruments un angle absolument nul, on comprend qu'un déplacement de leurs centres égal à leur diamètre échappe à nos mensurations.

En vertu du mouvement annuel de la terre, la position de chaque étoile sur le ciel ne doit pas théoriquement se projeter toujours sur le même point. Elle doit y décrire une petite ellipse, d'autant plus allongée que l'étoile se rapproche davantage du plan de l'écliptique, et qui, pour les étoiles situées dans ce plan, se réduit à une droite. On nomme parallaxe d'une étoile le demi-grand-axe de cette ellipse. C'est l'angle sous lequel de cette étoile on verrait le demi-grand axe de l'orbite terrestre, ou la distance de la Terre au Soleil.

Eh bien, ces parallaxes n'atteignent jamais une seconde. La plus grande qui ait été mesurée, celle d'Alpha du Centaure, dépasse à peine o" 7. Mais la plupart des étoiles ont des parallaxes absolument nulles, ou, du moins, dont la petitesse défie toutes nos mesures micrométriques les plus minutieuses. On sait bien que, théoriquement, cette parallaxe existe ; mais elle se confond pour nous avec l'infiniment petit, c'est-à-dire que les deux droites menées vers une étoile des deux points diamétralement opposés de notre orbite terrestre sont absolument parallèles.

On comprend qu'il y ait une relation entre la parallaxe des étoiles et la valeur de leurs mouvements relatifs.

En effet, les étoiles qui ouvrent des parallaxes sensibles sont aussi, en général, celles qui montrent les mouvements propres les plus rapides.

Mais on comprend aussi que cette règle ne soit pas sans exception. Car les étoiles les plus voisines, qui ont les plus grandes parallaxes, peuvent avoir des mouvements parallèles au nôtre dans le même sens, qui, par conséquent, sont presque insensibles, parce qu'ils ne sont que la différence des deux mouvements ; tandis que des étoiles plus éloignées, dont la parallaxe est nulle ou extrêmement petite, peuvent avoir des mouvements de sens contraires qui sont la somme des deux mouvements.

Quand les mouvements des étoiles font un angle plus ou moins grand avec le nôtre, ce qui doit être le cas le plus fréquent, leur déplacement relatif apparent diminue, tandis que leur parallaxe reste la même.

Voici la série des parallaxes connues des étoiles, de leurs distances en trillions de kilomètres, du temps que la lumière met à franchir ces distances, et de leurs mouvements propres. La dernière colonne donne leurs grandeurs relatives en valeurs inverses de leur éclat, les plus grandes étant exprimées en fractions de l'unité et Sirius par un signe négatif.

Noms	Parallaxe	D	Temps en années de la vitesse de la lumière		Mouvement propre	Grandeur
1 a Centaure	0″72	43	4.5	D + 58	3″62	0.7
2 21185 Lalande	0.48	64	6.8		4.75	6.8
3 61 Cygne	0.44	70	7.4		5.17	5.1
4 Sirius	0.57	83	8.8	D + 16	1.32	— 1.4
5 18609 Arg. Œltzen	0.35	88	9.3		2.30	8.2
6 34 Groombridge	0.31	99	10.5		2.83	7.9
7 9352 La caille	0.28	109	11.6		6.97	7.5
8 Procyon	0.27	113	12.1	D + 5	1.26	0.5
9 11677 Arg. Œltzen	0.26	118	12.5		3.05	9.0
10 1643 Fredorenko	0.25	123	13.0		1.43	6.5
11 21268 Lalande	0.24	128	13.6		4.40	6.8
12 a Dragon	0.24	128	13.6		1.84	4.7
13 v Cassiopée	0.21	146	15.5		0.57	3.6
14 x Cocher	0.21	146	15.5	D — 45	0.43	0.2
15 17415 Arg. Œltzen	0.20	153	16.3		1.27	9.0
16 x Aigle	0.20	153	16.3	D + 8	0.64	1.0
17 ε Indien	0.20	153	16.3		4.60	5.2
18 672 Eridan	0.17	180	19.1		4.05	4.5
19 β Cassiopée	0.16	191	20.3		1.19	2.4
20 x Taureau	0.15	204	21.7		0.19	1.0
21 1831 Fedorenka	0.15	204	21.7		0.42	7.0
22 γ Ophiuchus	0.15	204	21.7		1.18	4.1
23 Vega	0.15	204	21.7	D + 38	0.38	0.2
24 γ Petite ourse (polaire)	0.07	438	46.5		0.05	2.2

On voit par ce tableau, classé selon l'ordre décroissant des parallaxes, que les plus grandes étoiles, telles que Sirius, Procyon, la Chèvre, Altaïr (de l'Aigle), Aldébaran (du Taureau), et Wéga (de la Lyre) ne sont pas les plus rapprochées de nous. Bien qu'ayant des parallaxes sensibles, ces parallaxes sont petites, et si elles n'ont que des déplacements annuels apparents de très petite amplitude, c'est que cette amplitude est diminuée par l'effet optique de la distance ou que leurs mouvements sont parallèles à celui du Soleil et dans le même sens.

Sur les 66 étoiles dont l'Annuaire du Bureau des longitudes donne les mouvements propres annuels, il y en a 35 dont les mouvements sont directs, c'est-à-dire dans le sens du mouvement annuel du Soleil ; et, sur ces 35 étoiles, il en est 31 dont les positions, en ascension droite, comptées de 0 à 24 heures, sont comprises entre 19 h. et 5 heures d'ascension droite, par conséquent dans moins d'une demi-circonférence. Il y en a 31 dont les mouvements propres sont rétrogrades, ou en sens contraire de celui du Soleil ; et sur ces 31 étoiles rétrogrades, 25 sont situées dans l'autre moitié de la sphère céleste, entre 6 heures et 18 heures d'ascension droite.

Si toutes ces étoiles font partie du même groupe que le Soleil et circulent avec lui en même sens autour d'un centre commun, il résulte des lois de Képler que les étoiles dont les orbites enveloppent le Soleil doivent marcher plus lentement que lui et rétrograder sur son mouvement dans l'espace.

Au contraire, les étoiles dont les orbites sont intérieures à la sienne doivent marcher plus rapidement et paraître avancer sur lui de toute la différence de leur mouvement et du sien, du moins tant qu'elles se trouveront du même côté du centre commun du groupe.

Au delà de ce centre, toutes les étoiles devront avoir un mouvement de sens contraire à celui du Soleil, et les deux mouvements devront paraître s'ajouter. Mais comme, en revanche, ces étoiles sont situées beaucoup plus loin, l'amplitude de leurs mouvements paraîtra diminuer par l'effet optique de la distance, proportionnellement à cette distance, et ces étoiles seront beaucoup plus petites.

Naturellement, toutes les étoiles marchant en même sens que le Soleil, mais plus vite, comme ayant leurs orbites intérieures, doivent être massées dans une demi-circonférence en ascension droite avec toutes celles qui circulent en sens rétrograde au delà du centre commun et qui, étant beaucoup plus loin, semblent optiquement plus petites, avec des mouvements apparents moins amples.

Au contraire, toutes les étoiles qui, circulant plus lentement que le Soleil, dans des orbites de plus grand rayon, semblent se mouvoir en sens rétrograde, doivent se distribuer dans la moitié opposée de la circonférence en ascension droite.

Toutefois, ces règles supposeraient que le plan de l'orbite solaire fût parallèle à notre équateur céleste, ce qui n'est certainement pas, et que toutes les orbites du système fussent dans des plans parallèles, ce qui est contre toute probabilité. De là les différences de ces étoiles en déclinaison qui troublent plus ou moins la régularité de leurs mouvements, et celle de leur distribution, parce que des étoiles qui semblent circuler en sens rétrograde dans des plans inclinés à notre équateur peuvent avoir un sens direct par rapport au plan moyen du groupe stellaire dont le Soleil fait partie, et qui fait sans doute un angle considérable avec le plan de notre équateur.

Il faut observer de plus que du déplacement propre du Soleil dans l'espace résulte un déplacement apparent de toutes les étoiles qui semblent s'éloigner les unes des autres, d'un mouvement divergent, du côté vers lequel le Soleil se dirige, et, au contraire, se rapprocher et se masser du côté opposé. Il doit en résulter que les constellations vers lesquelles le Soleil se dirige paraissent grandir, tandis que celles dont il s'éloigne diminuent.

Le point du ciel vers lequel le Soleil se dirige, ou ce qu'on nomme son apex, est naturellement situé sur la tangente au point de la courbe qu'il occupe. Ce point changeant constamment, la direction de cette tangente change aussi ; mais pour une courbe d'un rayon considérable, elle ne peut changer que très lentement.

Quel est l'*apex* du Soleil ? Herschel s'est, le premier, occupé de cette question. Il a indiqué la constellation d'Hercule comme la région du ciel vers laquelle nous nous dirigeons, avec tout notre système.

Mais il y a encore ici une cause d'incertitude. Notre direction dans le ciel est la résultante, non seulement du mouvement du Soleil dans le groupe dont il fait partie, et qui se meut avec lui, mais aussi du mouvement de ce groupe lui-même, dans quelque orbite plus vaste encore, qui peut être l'anneau lactaire. Il nous est impossible de séparer les valeurs de ces divers mouvements dans les déplacements apparents des étoiles tout relatifs à notre propre déplacement.

On voit que cette question présente des difficultés inextricables et ne peut être résolue que très approximativement.

Toutefois, dans un long avenir, la solution pourra résulter d'un plus grand nombre d'observations. On attend, à cet égard, des lumières nouvelles et des faits d'ensemble de haute importance de la carte photographique du ciel que tous les observatoires du globe sont en train de confectionner, et pour laquelle ils ont réparti entre eux toute la surface céleste. Sur leurs clichés qui donneront toutes les étoiles, des 10 ou 12 premières grandeurs, toutes viendront fixer leur trace, plus ou moins lumineuse, avec leurs positions relatives. La même carte refaite un siècle plus tard donnerait la mesure de tous leurs déplacements séculaires relatifs, et celle de leurs déplacements absolus s'en déduirait avec évidence.

Jusque-là nous resterons dans l'incertitude sur le véritable *apex* de notre Soleil.

Herschel, en 1783, avait indiqué :

257° d'ascension droite et 25° de déclinaison boréale.

Ce point tombait, en effet, dans la constellation d'Hercule.

Prévot, en 1785, donnait la même déclinaison, mais avec une différence de 27° en ascension droite.

Argélander, en 1792, donnait 260° 46' 6" d'ascension droite, et 31° 17' 7" de déclinaison et, pour l'année 1800, 250° 50' 8" d'ascension droite et 31° 17' 3" de déclinaison.

Otto Struve, le célèbre astronome du Pultava, donnait, en 1790, 261° 12' d'ascension droite et 27° 36' de déclinaison.

Les calculs d'Argélander et de Struve étaient faits d'après les mouvements de 392 étoiles.

Galloway, la même année, d'après seulement 81 étoiles, donnait 260° 1' Asc. Dr ; et 34° 23' Déc.

Ces valeurs donnaient une moyenne de

260° Asc. Dr. et 33° déc. bor.

Plus récemment, en 1888, L. Struve, le digne fils d'Otto, refaisait les calculs et trouvait, d'après les mouvements stellaires connus,

266° 7' Asc. Dr. et 31° déc :

Un autre astronome, Boss, a trouvé en 1889, 280° Asc. Dr. et 40° déc.

On ne peut s'empêcher de constater ce fait que les deux valeurs autour desquelles oscillent les astronomes tendent, en somme, à s'accroître, et l'on est amené à se demander, dans ces approximations, qui varient depuis un siècle, quelle est la part de l'erreur et quelle est la part de la variation réelle de l'*apex*, c'est-à-dire de la tangente au point de son orbite où s'est successivement trouvé le Soleil depuis cent ans.

Si l'on prenait comme exacte les valeurs données par Herschel, en 1783, et par L. Struve en 1888, on trouverait un déplacement de l'*apex* de 9° en nombre rond.

D'un autre côté, d'après Arago, il résulte des calculs de Struve et de Péters, que le Soleil se meut avec une vitesse d'environ deux lieues à la seconde. Or si la tangente de l'orbite solaire avait varié de 9°, c'est que depuis cent ans le Soleil aurait parcouru 9° de son orbite. Par conséquent il achèverait sa révolution dans 4.000 ans, ce qui semble insuffisant.

Ce qui démontre l'impossibilité de l'hypothèse, c'est que le rayon moyen de l'orbite solaire serait, en ce cas, de beaucoup inférieur à la distance des plus prochaines étoiles ; puisque la lumière le franchirait en six jours, tandis qu'elle emploie quatre ans et demi pour nous venir d'Alpha du Centaure, notre plus proche voisine, dont la parallaxe, unique jusqu'ici, n'atteint cependant que 72 centièmes de seconde !

En ce cas, il ne pourrait guère être que le satellite d'une autre étoile, ce qui, en somme, ne serait pas impossible ; mais quelle serait cette étoile ? rien ne nous la désigne.

Il y a donc grande probabilité que, dans les divergences des astronomes sur l'*apex* du Soleil, la part de l'erreur est considérable et que la variation réelle de la tangente solaire, depuis un siècle, est restée très petite.

Cette variation serait de 1°, que le Soleil mettrait trente-six-mille ans, pour décrire son orbite. Mais, en lui supposant une vitesse de 8 kilomètre à la seconde, son rayon, néanmoins, serait parcouru par la lumière en moins de deux mois.

La lumière nous arriverait plus vite de son centre que des étoiles les plus voisines.

Par conséquent, l'orbite du Soleil doit être encore plus vaste et sa période de translation bien des fois plus longue.

Si l'on supposait seulement une variation de la tangente solaire d'une minute par siècle, la durée de la translation du Soleil serait 60 fois plus longue et le rayon de son orbite 60 fois plus grand. La lumière alors mettrait dix ans, en nombre rond, à le parcourir; c'est-à-dire que le Soleil ne serait encore qu'une des étoiles les plus centrales du groupe. Mais si l'on supposait la variation de sa tangente d'une seconde par siècle, la lumière emploierait environ 600 ans à franchir le rayon de son orbite et 1.200 ans pour en traverser le diamètre.

Arago, d'après les calculs approximatifs de Herschel, estimait que la lumière emploie au moins 3.000 ans à traverser la Voie Lactée. Mais Herschel, dans son jaugeage de notre zone lactaire, au cap de Bonne-Espérance, était arrivé à considérer qu'elle est cent fois plus étendue dans un sens que dans l'autre.

Il y a peut-être là encore une illusion d'optique. Un cercle, vu de quelqu'un des points voisins de sa circonférence, paraît raccourci selon le diamètre qui passe par ce point et considérablement élargi selon son diamètre transversal.

Si l'on acceptait l'estimation d'Arago sur la période de 3.000 ans que mettrait la lumière à traverser l'anneau lactaire, et qu'il en fallût 600 pour parcourir le rayon de l'orbite solaire, le diamètre de celle-ci occuperait les deux cinquièmes du diamètre de la Voie Lactée, ce qui semble inadmissible.

L'estimation d'Arago pour le diamètre de la voie lactée est donc trop petite ou notre supposition de six cents ans pour le cheminement de la lumière à travers l'orbite du Soleil est trop grande. Il est probable que la première des deux alternatives est la vraie. Le temps que la lumière met à traverser l'orbite solaire ne peut être moindre que 600 ans, et il lui faut certainement plus de trois mille ans pour parcourir le diamètre de la voie lactée, ou même le diamètre des orbites de ses groupes moyens.

Le groupe stellaire, dont fait partie le Soleil, est certainement l'un des plus intérieurs, mais il est aussi de toute évidence qu'il est dans une situation très excentrique et beaucoup plus rapproché du côté où la Voie Lactée s'élargit, se divise en deux branches et pâlit, en même temps que les étoiles résolubles s'y pressent en beaucoup plus grand nombre.

Connaissons-nous au moins quel est le plan de l'orbite du Soleil ? Si son *apex* actuel était déterminé avec précision, nous connaîtrions une des tangentes à cette orbite ; mais la tangente d'un cercle ne donne pas son plan qui peut tourner tout autour. Seulement, si nous possédions deux situations successives de l'*apex*, nous aurions deux tangentes, qui seraient nécessairement dans le même plan et nous donneraient le plan de l'orbite.

Toutefois, il y a lieu de croire, d'après les analogies et la distribution générale des étoiles, que le plan moyen de notre groupe stellaire s'éloigne peu du plan moyen de la voie lactée, et que le plan de l'orbite solaire est peu incliné sur l'un et sur l'autre. Cette supposition est en quelque sorte confirmée par le fait que les plus belles étoiles du système, et les plus voisines du Soleil, se projettent en grande majorité sur la Voie Lactée elle-même, sur ses bords ou sur des régions très voisines. Il en serait autrement si le plan moyen du système faisait un angle un peu considérable avec celui de l'anneau lactaire. Pourtant on pourrait admettre une assez forte inclinaison de l'orbite du Soleil, en supposant que, pour le moment, il soit assez près de l'un de ses nœuds avec le plan moyen de son groupe stellaire.

Si ces trois plans sont à peu près parallèles; et qu'il en soit de même pour tous les groupes stellaires qui circulent dans la Voie Lactée, c'est donc qu'en général ils se projettent sur elle sous une forme elliptique, et suivant leur tranche aplatie. Ils y circuleraient, pressés les uns contre les autres, ou les uns derrière les autres, sur plusieurs plans en profondeur, comme des roues de divers diamètres et de très diverses épaisseurs. Cela nous expliquerait l'aspect inégal et mamelonné de la zone lactaire, l'irrégularité et l'indétermination de ses contours. Chaque système, vu de pareille distance, serait plus ou moins réductible en étoiles, selon sa distance plus ou moins grande.

Bien que d'immenses distances séparent chaque système, leur agglomération en profondeur serait si considérable que leurs projection mutuelle, les uns derrière les autres, ne laisserait presque aucune place vide entre eux par où le rayon visuel puisse percer sans y rencontrer d'étoiles. En certains endroits seulement, existeraient de ces trous nommés *les sacs à charbons*, où toute lueur semble cesser, soit réellement, soit par effet de contraste avec la lumière des régions voisines.

La Voie Lactée n'est donc pas une nébuleuse, mais une agglomération de nébulosités, en général, toutes réductibles. C'est un système de systèmes stellaires.

Avons-nous le droit de supposer qu'il soit l'unique dans les vastitudes du ciel? Arago a déjà répondu à cette question. C'est évidemment notre vanité qui toujours nous induit à supposer que le monde dont nous sommes est, sinon l'unique monde, du moins le centre de tous les autres. En vain, Kopernic a délogé la Terre de cette position centrale; en vain Herschel, Arago, Secchi, et tant d'autres non moins illustres ont débouté le Soleil de la prétention à être ce centre de l'univers. On ne fait que reculer la question en voulant que ce centre soit occupé par l'anneau lactaire.

Cela nous conduit à l'examen des nébuleuses.

Au delà des étoiles, se projettant derrière elles, se montrent des nuées lumineuses, par-

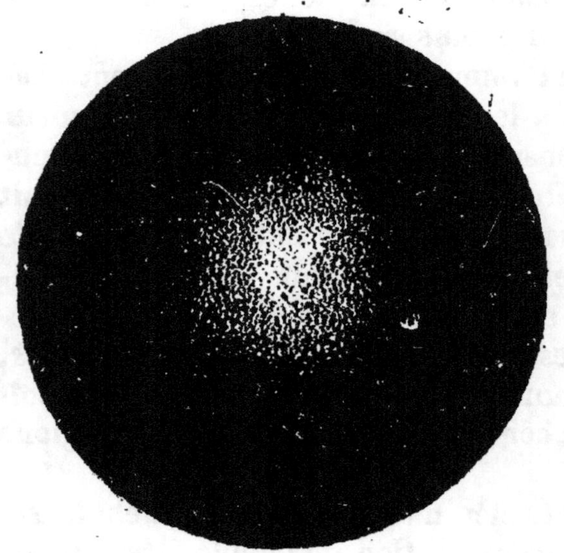

Fig. 35. — Nébuleuse d'Hercule.

faitement analogues, à l'œil nu, aux régions de la Voie Lactée qui sont restées irréductibles. Ces nuées présentent la plus grande variété de formes. Elles sont tantôt globuleuses (fig. 35), tantôt elliptiques (1) ou singulièrement roulées en spirale. Parfois elles rappellent assez bien les soleils tournant des artificiers (fig. 36).

Mais plus souvent encore elles n'ont aucune symétrie. Elles paraissent irrégulièrement mamelonnées ou déchirées, comme de vrais nuages, et, généralement, dans ce cas, présentent des

(1) Nébuleuse de l'Éridan.

étendues considérables dans le ciel où, malgré leurs distances immenses, elles sous-tendent des angles très sensibles qui, parfois, atteignent, non seulement plusieurs minutes, mais un certains nombre de degrés (1).

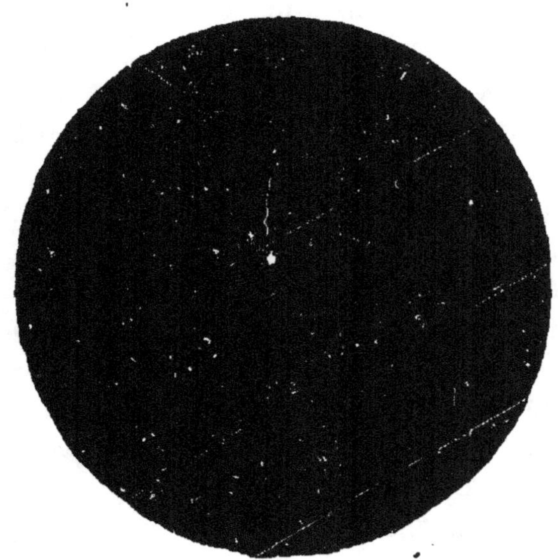

Fig. 36. — Nébuleuse en spirale de la constellation des Chiens de chasse.

La nébuleuse de *la Lyre* montre une ellipse extérieure brillante, réductible en étoiles sur une grande partie du rayon et au centre une ellipse concentrique plus obscure (v. p. 228).

La nébuleuse du *Serpent* présente quatre ellipses concentriques alternativement brillantes et obscures dont le centre commun est occupé par une grosse étoile nébuleuse.

La belle nébuleuse elliptique d'Andromède,

(1) Telle est la grande nébuleuse d'Orion.

avec ses anneaux concentriques, mais très excentriques, rappelle parfaitement la figure que prendrait la Voie Lactée tout entière, si elle était vue par sa tranche d'une distance assez considérable.

Arago a calculé la distance à laquelle devrait être placée la Voie Lactée pour sous-tendre seulement dix minutes d'arc, et être ainsi réduite aux dimensions et à l'aspect d'une nébuleuse elliptique ou annulaire. Selon l'angle que ferait son plan avec le rayon visuel, cette distance est telle que sa lumière emploierait au moins 334×3.000 ans à nous arriver.

La nébuleuse globulaire du Centaure, au contraire, est tout entière réductible en étoiles dont la densité augmente considérablement vers le centre. Le groupe stellaire auquel appartient le Soleil, se projetant sur le ciel, pour un observateur placé à la même distance que la nébuleuse du Centaure, le verrait peut-être à peu près sous le même aspect.

Il ne serait pas impossible que ce groupe fût le centre de notre système. Certaines de ces nébuleuses globulaires, dit Arago, qui sous-tendent 10 minutes d'arc, renferment au moins 2.000 étoiles. La nébuleuse résoluble du Centaure est à peu près dans ces conditions et déjà nous avons vu que les deux belles étoiles du Centaure, qui se projettent non loin d'elle, sur la Voie Lactée, sont parmi les plus voisines du Soleil et que leurs mouvements rétrogrades indiquent que leurs orbites doivent être circonscrites à celle du Soleil. La droite menée du Soleil à la

nébuleuse passe près des belles étoiles du Centaure et va se perdre dans la Voie Lactée. De
même toutes les belles étoiles qui se projettent
sur la Voie Lactée doivent avoir des orbites circonscrites à celle du Soleil.

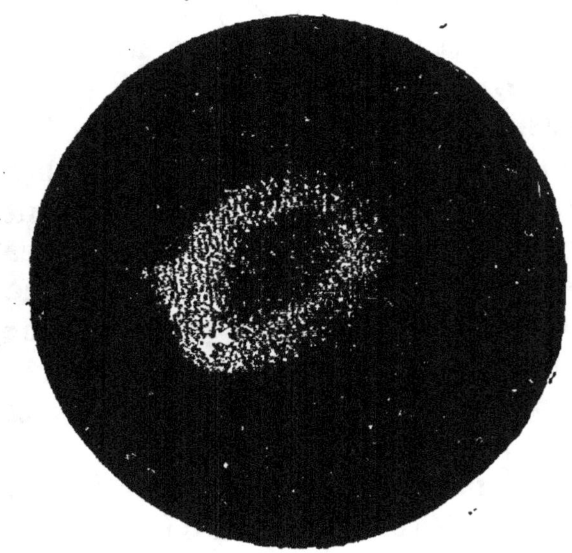

Fig. 37. — Nébuleuse de la Lyre.

Il y a une catégorie particulière de nébuleuses
qui semblent véritablement irréductibles en
étoiles multiples : ce sont les nébuleuses planétaires. Toujours de forme ronde ou elliptique,
et sous-tendant des angles assez petits, mais
sensibles, de quelques secondes, elles brillent
sur toute leur étendue d'une lumière diffuse,
égale, calme, qui rappelle celle d'une lampe
voilée de son globe en verre dépoli.

Parfois, au centre de ces corps, se dessine,
plus ou moins vif, un foyer lumineux. Ce sont
alors des étoiles nébuleuses.

Arago, presque seul parmi les astronomes, a paru frappé des analogies de ces deux classes d'astres et avoir compris par quelles phases évolutives ils pouvaient passer de l'une à l'autre.

Nous reviendrons à leur sujet.

Quant aux nébuleuses diffuses, leurs formes ne sont susceptibles ni de définitions ni même de descriptions.

« Il en existe, dit Arago, à contours rectilignes, curvilignes, mixtilignes. Certaines taches se terminent nettement, brusquement, vivement d'un côté, tandis que, sur le côté opposé, elles se fondent dans la lumière du ciel, par une dégradation insensible. Il en est qui projettent au loin de longs bras ; il en existe dans l'intérieur desquelles s'observent de grands espaces obscurs.

Toutes les figures fantastiques qu'affectent des nuages emportés et tourmentés par des vents violents et souvent contraires se trouvent dans le firmament des nébuleuses diffuses.

Il y a des nébuleuses de toutes les sortes dans toutes les régions du ciel ; mais elles n'y sont pas également réparties.

Il y en a dans la Voie Lactée. Mais elles ne s'en distinguent que lorsqu'elles sont réductibles, isolées et de formes spéciales ; autrement, elles se confondent avec sa lueur générale. On y trouve aussi quelques nébuleuses planétaires.

Il n'y a guère de constellation qui n'ait ses nébuleuses. Cependant, c'est vers les pôles de l'anneau du lactaire qu'elles semblent tout spécialement s'agglomérer. Il faut dire aussi qu'elles y sont d'une étude d'autant plus facile que ces régions sont très pauvres en étoiles.

Mais, derrière ces rares étoiles, les nébuleuses forment comme une sorte de vélum continu. Elles s'y pressent par groupes, par rangées. Tantôt sous les formes de nébulosités diffuses et irrégulières, comme les nuées de Magellan, dans l'hémisphère austral ; tantôt, sous la forme de nébuleuses planétaires ou d'étoiles nébuleuses, elles couvrent de vastes régions du ciel.

Secchi suppose que, parmi ces nébulosités, il en est qui sont peut-être des voies lactées lointaines de formes diverses ou seulement vues sous différentes faces et donnant ainsi des silhouettes bien différentes.

Les nébuleuses planétaires semblent échapper à cette interprétation. L'analyse spectrale a constaté l'état gazeux des éléments de leurs surfaces, tout au moins ; car, pour ce qui constitue leurs couches profondes, il est impossible d'en rien savoir.

C'est avec défiance qu'il faut accepter toutes les hypothèses plus ou moins littéraires qui sont émises par les imaginations en travail, quant à l'existence d'une prétendue matière cosmique, à un état tout particulier de devenir, et qui serait régie par des lois toutes spéciales. C'est avec cette matière qui n'en serait pas, qu'on veut en général construire les nébuleuses, sans se donner la peine d'expliquer comment cette sorte de matière immatérielle deviendrait lumineuse, c'est-à-dire participerait d'une propriété qui, jusqu'ici n'a été observée que dans la matière ordinaire sous certaines conditions spéciales, déjà bien étudiées, et que l'on peut considérer comme faisant partie des choses que nous connaissons le mieux.

L'ÉVOLUTION DES MONDES

La constitution du ciel, telle que nous venons de la décrire, est-elle éternelle? Dans un monde où tout ce que nous connaissons est assujetti à la loi du renouvellement, aux fatalités de la naissance et de la mort, les astres seuls n'ont-ils ni commencement ni fin? Échappent-ils à tout changement?

Ces questions ont de tout temps préoccupé les philosophes. Xénophane, Démocrite ont cru à la multiplicité des mondes, Zénon à ses renouvellements périodiques par le feu. Mais ce monde c'était toujours le nôtre, notre petite terre que nous savons être aujourd'hui un petit grain de sable perdu dans l'infini des cieux, à travers des myriades d'Univers, formés de myriades de terres semblables.

Si l'ensemble est évidemment éternel, si pas un atome de cet univers, infini en durée et en étendue, ne peut être ni créé ni détruit, comme déjà le soutenait l'école d'Élée, du moins les aggrégations partielles de cette matière ne se modifient-elles pas sans cesse?

Aujourd'hui la question est résolue pour tous les penseurs : les astres aussi ont leur loi d'évolution; mais elle est bien loin d'être connue.

A la fin du siècle dernier, quand Herschell venait de découvrir Uranus et ses deux premiers satellites, et qu'il était en train de révéler au monde savant l'existence des nébuleuses, Kant, préoccupé de ces merveilleux problèmes, tout à coup posés devant la pensée humaine, émit l'hypothèse que notre monde solaire pouvait provenir de la condensation successive d'une nébuleuse, animée d'un rapide mouvement giratoire, qui, sous l'action de la force centrifuge, se serait d'abord divisée en zones annulaires. Celles-ci, à leur tour, se seraient condensées en sphères gazeuses encore, qui se seraient subdivisées en anneaux dont la condensation successive aurait produit les satellites.

Laplace, à la fin de son Système du Monde, reprit à son compte cette hypothèse séduisante et grandiose. Il en régularisa la théorie en lui appliquant le principe de la conservation des aires, conséquence du principe de la conservation des forces vives; mais il négligea d'en soumettre les données au calcul.

Tandis que Kant avait admis *a priori* que la nébuleuse primitive était animée d'un mouvement initial de rotation assez rapide pour être désagrégée successivement par la force centrifuge, et supposé une diminution successive de ce mouvement angulaire dans les sphères qui s'en étaient formés, Laplace, au contraire, était amené, par ses principes de mécanique rationnelle à supposer dans les corps matériels issus du démembrement de la nébuleuse, un accroissement de vitesse angulaire. Il était contraint, par son principe de conservation des aires, à ne plus admettre pour sa nébuleuse, supposée étendue jusqu'à l'orbite d'Uranus (puisque Neptune n'était pas encore découvert), une rotation d'une durée égale à la translation de cette planète extrême.

Par là même l'hypothèse était détruite; car si tout le système n'avait tourné à l'origine que dans une période de 81 ans, la force centrifuge à la surface eût été trop faible pour l'emporter sur la pesanteur, puisque Uranus à cette distance et avec cette vitesse reste dans son orbite. Mais de plus la rotation actuelle du Soleil serait beaucoup plus rapide qu'elle ne l'est actuellement.

Même en étendant le rayon de la nébuleuse jusqu'à l'orbite de Neptune, comme il faut bien le faire aujourd'hui, le Soleil, résultant de la condensation des 699/700 de la masse nébuleuse primitive, au lieu de tourner sur lui-même en 25 jours, devrait accomplir sa rotation en *deux minutes* environ. De même, à l'équateur de la nébuleuse, supposée étendue jusqu'à l'orbite de Neptune, la force centrifuge aurait à peine été suffisante pour lui donner un certain aplatissement polaire, bien loin de la désagréger en anneaux.

Il est vrai que Laplace avait un peu modifié l'hypothèse de Kant. Celui-ci supposait toute la masse du système diluée dans toute la sphère ayant pour rayon l'orbite d'Uranus. Si cette hypothèse était étendue jusqu'à l'orbite de Neptune, la densité moyenne de cette sphère eût été à peine 4 billionièmes de celle de l'air. Et cette densité, devant décroître du centre à la circonférence, à la surface eût encore été des milliers de fois plus faible. La force centrifuge des corps multipliant leur masse, elle eût été absolument nulle pour un gaz si peu dense ; par conséquent aucun anneau n'aurait pu se former.

Laplace, comprenant sans doute que l'application du principe de conservation des aires à la nébuleuse de Kant donnerait au Soleil actuel une vitesse de rotation trop rapide, supposa le Soleil à peu près dans son état actuel. Son atmosphère seule, y compris les éléments matériels des planètes et de leurs satellites, c'est-à-dire seulement 1/700 environ de la masse totale du système, se serait étendue jusqu'à l'orbite d'Uranus. Dans cette hypothèse, le Soleil aurait été une étoile nébuleuse. Il en serait résulté que la densité de son atmosphère nébuleuse aurait été encore 700 fois plus faible et par conséquent encore moins susceptible de se diviser en anneaux.

De plus, si la vitesse de rotation de ce système était égale à la vitesse de translation actuelle de Neptune, on ne voit pas pourquoi le Soleil central, gardant ses proportions actuelles, aurait précipité la sienne, puisqu'il en serait résulté évidemment un accroissement de la somme des aires ; et si, au contraire, les éléments de l'atmosphère de l'étoile nébuleuse qui ont formé Neptune et les autres corps du système tournaient au principe avec la vitesse angulaire actuelle du soleil, c'est-à-dire en 25 jours, on ne voit pas pourquoi leur mouvement se serait ralenti ; puisqu'il en serait résulté une diminution de cette même somme des aires.

Si on applique l'hypothèse aux planètes et à leurs satellites, on se heurte aux mêmes impossibilités. Car si la durée de la rotation de la petite nébuleuse partielle qui contenait la masse de la terre et celle de la Lune avait été de 27 jours, 7 heures et 43 minutes, comme la révolution sidérale actuelle de la Lune, la rotation de la Terre serait aujourd'hui environ 120 fois plus rapide et devrait s'effectuer en 12 minutes.

Les mêmes calculs sur tous les autres corps du système donneraient des résultats analogues.

Buffon, supposant que le choc d'une comète avait fait jaillir du Soleil un torrent de matière incandescente dont les gouttes éparpillées auraient formé les planètes et leurs satellites, avait eu en vue d'expliquer le parallélisme général de leurs mouvements de rotation et de translation. Sauf le choc de la comète, fort incapable de produire de tels effets, l'hypothèse de Buffon pourrait se défendre. On pourrait la soumettre au calcul et déterminer quelle devrait être la force et la direction du choc qui pourrait avoir sur le Soleil des résultats analogues. Kant, comme Buffon, et Laplace après lui ont encore eu pour but principal d'expliquer ce parallélisme des mouvements du système solaire, qui peut d'ailleurs s'expliquer de bien d'autres façons. Mais justement, au moment où cette tentative d'explication était faite, c'était ce parallélisme des mouvements qui se trouvait en défaut. On constatait en effet que les satellites d'Uranus tournaient autour de leur planète presque perpendiculairement au plan de son orbite et même en un sens un peu rétrograde, puisque leur inclinaison sur l'écliptique est de plus du quart de la circonférence. Depuis, la découverte de Neptune est venue donner un nouveau démenti à l'hypothèse de Kant et de Laplace, puisque son unique satellite connu tourne dans un plan incliné de 142 sur celui de l'écliptique.

On peut faire à l'hypothèse de Laplace bien d'autres objections. Elle avait pour but d'expliquer, non seulement les faibles inclinaisons des orbites sur l'équateur solaire, mais aussi leurs faibles excentricités. Laplace était ainsi amené à supposer que les comètes ne faisaient pas partie de la nébulosité primitive, parce que leurs orbites sont à la fois très excentriques, et inclinées dans tous les sens, avec des mouvements aussi souvent rétrogrades que directs. Or la découverte des planètes télescopiques, dont Laplace ne connut que les premières, a montré qu'elles ont aussi des orbites dont les inclinaisons et les excentricités, très variables, sont parfois considérables, autant que celles de certaines comètes; seulement toutes circulent, il est vrai, en sens direct, comme Uranus et même Neptune. Mais cette uniformité du mouvement de translation des planètes peut tenir au sens même de la translation du Soleil dans l'espace et à l'identité des conditions dans lesquelles l'entrée de ces corps dans notre système s'est accomplie.

Laplace n'a jamais insisté sur cette hypothèse, devenue populaire sous son nom, bien qu'elle ait Kant pour premier père. C'est le philosophe anglais, Herbert Spencer, qui l'a exhumée des œuvres de Laplace, où elle était oubliée, pour en faire la pierre d'angle de tout un système où l'analogie sert trop souvent de base au raisonnement, mais dont les imaginations ont été facilement séduites.

J'ai subi cette influence comme la plupart de mes contemporains. L'existence de la nébuleuse primitive a été longtemps pour moi une sorte d'article de foi. Je la croyais un fait démontré, acquis, hors de doute ; quand, un soir, à l'Observatoire de Paris, où Leverrier nous faisait les honneurs de ses grandes lunettes, je me permis d'y faire une allusion. Un sarcasme, vivement décoché à mon adresse par l'esprit aigu du savant astronome, me fit comprendre, non sans m'étonner, que j'étais naïve de croire « que c'était arrivé ».

En effet l'examen des données du problème montre l'impossibilité mécanique d'une hypothèse où tout est hypothétique, jusqu'à la supposition du refroidissement séculaire des masses cosmiques qui reste à démontrer.

Car si, comme il y a des raisons de le croire, la température des masses cosmiques, dépendant de la pression qu'elles exercent sur elles-mêmes, leur est proportionnelle, elle doit être constante comme cette masse ou grandir avec elle. Le Soleil étant constamment bombardé d'une pluie d'aérolithes, sa température, loin de diminuer, augmenterait comme sa masse. La masse de chaque planète ne peut aussi qu'augmenter, par la même cause, si peu que ce soit. Il suffit que l'action de la pesanteur sur les masses sidérales soit proportionnelle à ces masses ou à la chaleur qu'elles rayonnent, pour qu'il en résulte toujours qu'elle augmente d'intensité entre des masses croissantes. Par conséquent les satellites devraient se rapprocher de plus en plus de leurs planètes de plus en plus grosses, et celles-ci devraient tomber de plus en plus vite sur un Soleil de plus en plus chaud, jusqu'à ce qu'elles tombent, l'une après l'autre, à sa surface, d'un mouvement hélicoïdal aux tours de spire de plus en plus serrés.

Notre système ne serait donc pas stable, comme on l'a prétendu. Des analystes, tels que Lagrange, Laplace, Poisson, et, plus récemment, Delaunay, Tisserand, Gilden, ont accumulé des travaux pour démontrer que cette stabilité est assurée. M. Poincaré doit reconnaître aujourd'hui qu'elle n'est que relative, pour des durées très longues, mais non pas éternelles, et qu'elle n'est assurée, même dans ces limites, que pour des corps tout théoriques, considérés comme des masses abstraites, dépouillées de toutes leurs propriétés physiques particulières, de toutes leurs différences de solidité, d'élasticité, de viscosité, de température ou d'état magnétique.

Le principe dont partent les mathématiciens, c'est qu'un système de corps, considéré isolement dans l'espace, ne peut modifier la somme de ses forces vives, sans l'intervention de forces provenant d'une source extérieure.

Et, comme le dit avec raison M. Poincaré, un peu moins absolu que les autres dans ses abstractions mécaniques, les astres ne sont pas des points mathématiques, et ils sont soumis à d'autres forces qu'à celle de la gravitation newtonienne. Ces forces complémentaires devraient avoir pour effet de modifier peu à peu les orbites, alors même que les astres fictifs envisagés par les mathématiciens jouiraient d'une stabilité absolue.

« Ce que nous devons nous demander alors, c'est si cette stabilité sera plus vite détruite par le simple jeu de la gravitation newtonienne ou par ces forces complémentaires. »

Selon M. Poincaré, il y a une raison qui s'oppose à ce que les astres se meuvent sans jamais s'écarter de leur orbite primitive. C'est la loi de thermodynamique connue sous le nom de Principe de Carnot. Il y a une dissipation continuelle de l'énergie qui tend à perdre la forme de travail mécanique pour prendre celle de chaleur ; mais qui ne peut plus se transformer de nouveau en travail mécanique. La transformation n'est pas réversible. La même quantité d'énergie existe, mais elle n'est pas disponible.

Si ce principe est surabondamment démontré par tous les faits dans toutes nos transformations de forces mécaniques et physiques s'exerçant sur des quantités limitées et dans des temps finis, dans nos opérations industrielles ou nos expériences de laboratoire, il n'est pas démontré de même que, dans un système infini et éternel, la réversibilité ne se réalise pas et que, si la pesanteur se transforme constamment en mouvement ou en chaleur, la chaleur ne puisse redevenir pesanteur et mouvement.

C'est justement ce qui se produirait si la température des masses sidérales, étant une fonction des pressions concentriques de leur masse sur elle-même, leur puissance attractive était, par suite, une fonction de leur puissance de rayonnement dans l'espace.

La stabilité du système solaire n'en serait pas plus assurée à perpétuité, par la raison qu'il n'y a pas de système vraiment isolé. Si constamment des comètes étrangères à notre système lui apportent le tribut de masses nouvelles, et de masses en mouvement, il y a sans cesse de nouvelles quantités d'énergies inoculées au système, qui, non seulement l'accroissent en quantité, mais modifient son état qualitatif et les proportions de ses parties.

Quelle que soit la lenteur avec laquelle s'accroisse la masse du Soleil, il est bien évident qu'il en doit résulter un certain accroissement de l'accélération de toutes les planètes et une diminution de leurs orbites. De même, tout accroissement de la masse d'une planète accélère la chute de ses satellites, change quelque chose à l'équilibre général du système et modifie, tout au moins, les conditions de sa stabilité relative.

Il est reconnu aujourd'hui que le mouvement de la Lune s'accélère lentement, de bien peu, il

est vrai : quelques minutes en cent mille ans,
je crois. C'est que notre satellite s'approche de
nous, par suite de l'accroissement combiné du
Soleil et de la Terre. Car si la Lune décrit une
ellipse autour de la Terre, elle en décrit une
autre autour du Soleil, comme la Terre et dans le
même temps. Mais c'est sur la Terre que l'accroissement combiné de la Terre et du Soleil tend
à la faire tomber.

Elle y tombera un jour. Il y a lieu de croire
que le premier satellite de Mars, dont le mouvement est si rapide et qui circule si près de sa surface, viendra effleurer celle-ci bien avant que la
Lune ne donne à la Terre une dangereuse accolade.

Quel serait l'effet de ce contact entre deux
corps ainsi animés de vitesses différentes et en
sens divers ? Ce serait évidemment un embras-
sement formidable. Pour quelque temps du moins,
la planète, ainsi égratignée par son satellite,
deviendrait une étoile temporaire, à côté du
Soleil et pourrait étonner les astronomes des
autres mondes par son éclat.

Si l'accolade de la Lune et de la Terre, d'abord
trop superficielle pour faire rebondir les deux
sphères l'une contre l'autre, se renouvelait à
chaque passage au périhélie du satellite, la Terre
deviendrait pour les mondes lointains une belle
étoile variable dans une courte période de 27
jours ; car il est peu probable que, d'un contact
à l'autre, elle cessât d'être rendue lumineuse par
l'énorme chaleur dégagée dans ce frottement.

De même, un jour Mercure tombera dans le

Soleil. C'est le Soleil qui soudain augmentera d'éclat, et qui, pour les astronomes de Wéga ou de Sirius, passera d'une des moyennes grandeurs à la première.

Le Soleil mangera ainsi successivement toutes les planètes actuelles du système et d'autant plus vite que les premières auront accru sa masse et, avec sa masse, sa chaleur et sa puissance d'aspiration, à travers l'éther cosmique de plus en plus dilaté autour de lui. Le Soleil, ainsi grossi, aura donc plus de force pour entraîner dans sa sphère d'action d'autres planètes plus lointaines, et pour les dérober à d'autres systèmes voisins.

Et plus le Soleil grossira, plus il deviendra capable de s'accroître, ainsi progressivement, en s'échauffant toujours. Les éruptions de sa surface deviendront de plus en plus considérables. Les grands jets d'hydrogène qu'il lance dans l'espace s'y élèveront plus haut et encore plus vite.

Leur vitesse de projection peut devenir telle que, sous certains angles, la courbe parabolique qu'ils décrivent aura un diamètre plus vaste que le rayon du Soleil, autour duquel le jet de gaz s'enroulera comme un anneau. Par la répétition du phénomène, le Soleil passera ainsi à cet état de nébuleuse annulaire qui aurait été son état initial, dans l'hypothèse de Laplace, et qui serait au contraire l'un de ses états futurs.

Mais grossissant encore et d'autant plus qu'il sera déjà plus gros et plus chaud, son atmosphère gazeuse deviendra de plus en plus profonde par la volatilisation d'une plus grande proportion de ses éléments chimiques. Cette atmosphère de vapeurs métalliques, à point de volatilisation élevé, pourrait devenir assez épaisse pour voiler plus ou moins complètement la lumière de son noyau en fusion. Il passerait ainsi à l'état de nébuleuse planétaire, avec des proportions telles que, des étoiles voisines, son diamètre sous-tendrait des angles sensibles et que les physiciens de Wéga et de Sirius constateraient dans leurs spectroscopes que cette nébuleuse, sous-tendant plusieurs minutes d'arc, leur donne les spectres de certains de leurs corps gazeux.

Enfin, cette nébuleuse planétaire, grossissant toujours, et avalant toujours de nouvelles planètes, arriverait au point où sa chaleur serait telle que toute sa masse serait volatilisée, peut-être dans une explosion soudaine, qui lancerait ses éléments constituants dans toutes les directions. Pendant une longue période, elle pourrait ressembler à ces nébuleuses spirales, si pareilles d'aspect aux soleils tournants de nos artificiers, et qui, en tournant sur elles-mêmes, semblent lancer leurs jets enflammés suivant des courbes rayonnantes.

Mais ce feu d'artifice fini, toute la masse volatilisée, dispersée dans un immense espace, ne pourrait plus que s'y refroidir lentement, par le rayonnement de son énorme surface dans l'éther au froid absolu. Ce serait alors une vraie nébuleuse diffuse, formée de lambeaux de vapeurs, encore lumineuses peut-être, mais plus ou moins près de s'éteindre, et dont les éléments métalliques, solidifiés les premiers, se rassembleraient en grumeaux, destinés, à voguer lentement dans l'éther, dans la direction de leur vitesse acquise ou au hasard des résultantes de forces qui les sollicitent, jusqu'à ce que quelque soleil, les happant au passage, leur donne une occasion de se manifester comme comètes et d'apporter leurs matériaux à quelque monde nouveau, préparant ainsi la domination d'un nouveau soleil et son embrasement final.

Si la puissance d'attraction des masses croît en raison de leur puissance de rayonnement, les éléments solides refroidis des nébuleuses, n'exerceraient aucune action les uns sur les autres, en restant soumis, chacun individuellement, à l'action des corps chauds voisins. Il se pourrait que ces poussières métalliques, ainsi dispersées sur d'immenses espaces, sans être lumineuses par elles-mêmes, réfléchissent sur leurs vastes surfaces la lumière des étoiles qui nous arriverait ainsi, condensée par la distance, sur des surfaces de quelques degrés. Telles seraient par exemple ces nuées de Magellan, grandes comme des constellations et qui sont sans doute des amas de nébuleuses se projetant les unes sur les autres dans des plans bien différents.

Telle serait aussi la belle nubuleuse du Sagittaire qui ressemble à des flocons d'ouate agglomérés ; telle la grande nébuleuse de l'épée d'Orion qui ressemble à un cumulus orageux, creusé en entonnoir. Telles encore les nébulosités qui s'élancent de la Voie Lactée vers le Scorpion, couvrant un énorme espace du ciel.

Même la Voie Lactée devrait une partie de ses

lueurs diffuses, entre ses groupes d'étoiles réductibles, à ces poussières solides et réfléchissantes
que nous retrouvons comme éléments constituants des comètes et qui flottent certainement
dans toute la vastitude du ciel, en suivant entre
les systèmes des routes incertaines et constamment modifiées, jusqu'à ce qu'un soleil leur impose une route définitive.

L'état de nébuleuse serait donc l'état final des
soleils et non leur état initial. Les mondes, au
lieu de périr par le froid, comme nos mécaniciens
nous en menacent, seraient tous destinés à un
dernier embrasement, comme le croyaient les
stoïciens. Les nébuleuses seraient de vieux mondes réduits en poussières, qui, dans l'infini de
l'espace et l'éternité du temps, préparent les
matériaux des mondes à venir.

FIN

TABLE DES MATIÈRES

Poitiers, Imprimerie Blais et Roy, rue Victor-Hugo,

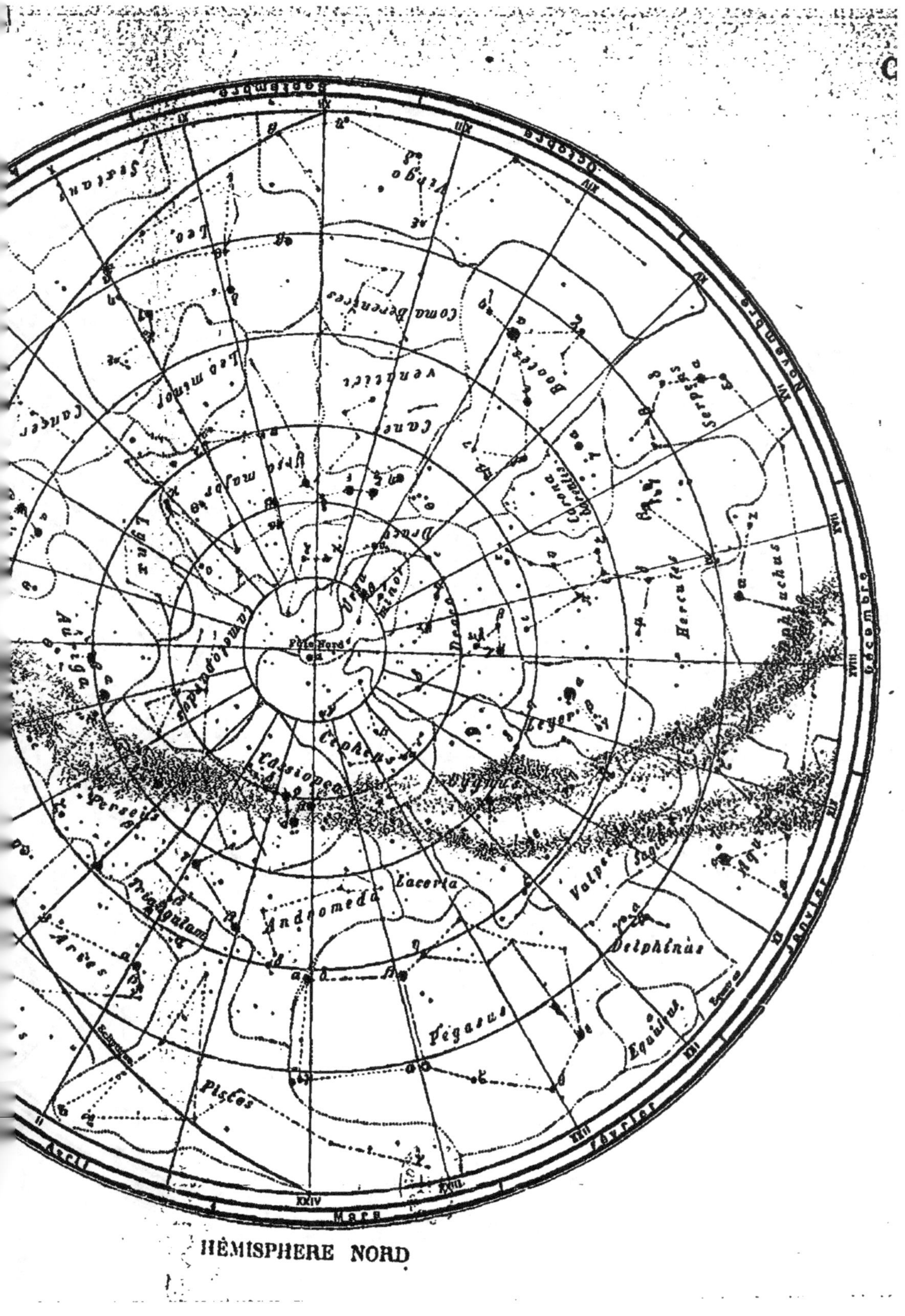

HÉMISPHÈRE NORD

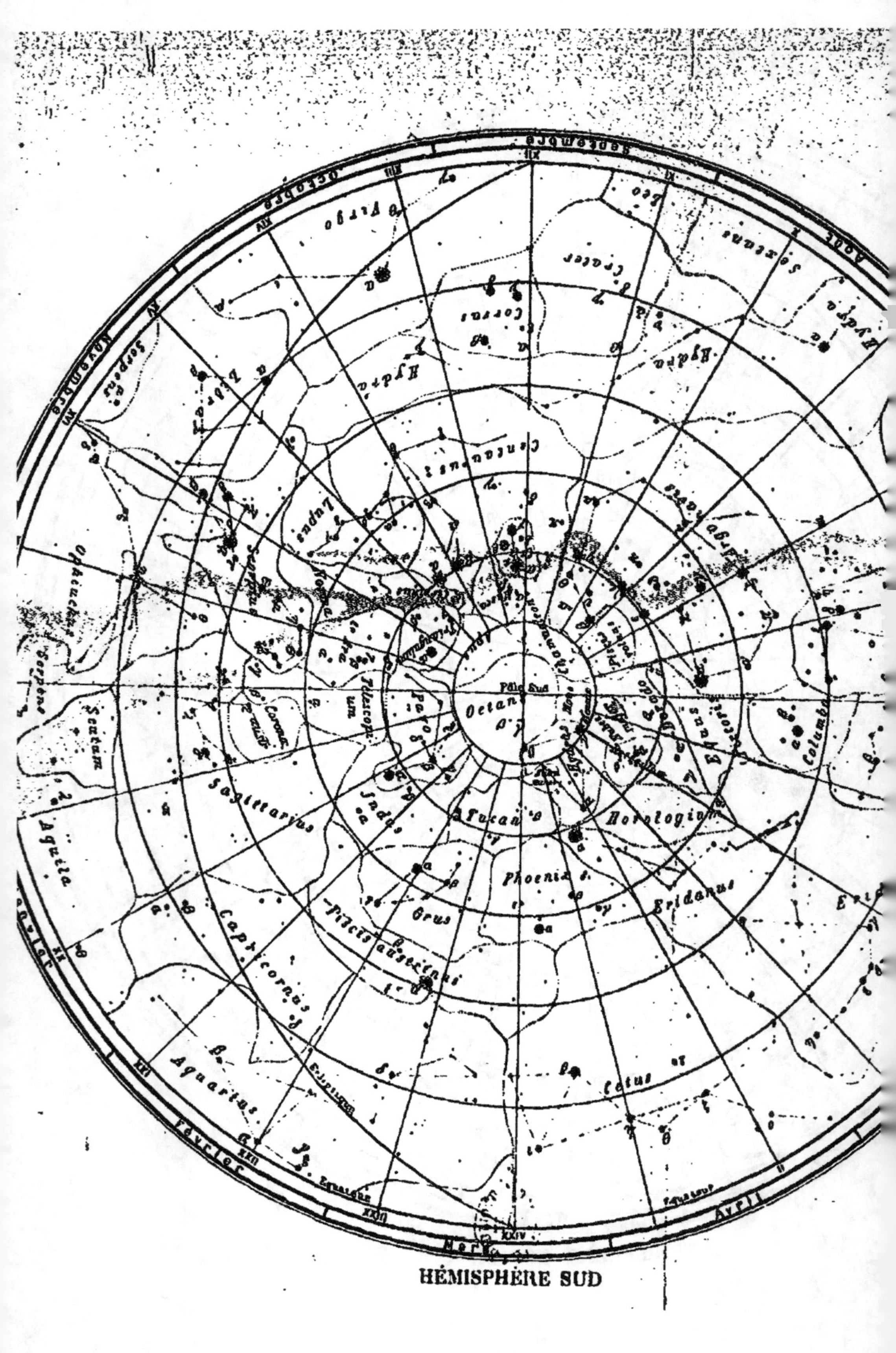

HÉMISPHÈRE SUD

30 Octobr — 42.